제주에서
방목육아

제주에서 책 육아, 방목 육아하며 아이를 키운 행복한 시간

제주에서 방목육아

강모모 지음

좋은땅

시작하는 글

나는 제주에서 나고 자랐다. 결혼해서 아이를 제주에서 낳고 키웠다.

제주도는 나와 남편과 아이의 고향이다.

아이 초등학교 입학 즈음에 밴쿠버에 이민을 왔다.

제주에서 아이를 키우며 느낀 점들을 담았다. 제주 관광지 사진 및 소개는 거의 없어요. 미리 말씀 드립니다.

사람마다 기준은 다르겠지만, 내가 사랑한다고 말할 때 아이도 밝게 웃으며 화답할 수 있다면 육아는 성공이다.

'욕심을 내려놓고 예쁜 내 새끼 얼굴만 들여다보고 싶을 때' 이 책을 읽어 주시면 더없이 감사할 것이다.

사실 이 책은 강의와 상담 중에 받은 질문들을 바탕으로 엮었다.

그중에 가장 나에게 와닿았던, 1985~1990년생 엄마의 말이 내 글의 기둥이 되었다.

"육아서 읽어야 하는 건 알겠는데요~ 요즘은 책도 많고 자료도 너무 많고요. 책을 사면 페이지 수도 너무 많고."

"글씨도 너무 많고. 엄마한테만 자꾸 희생하라고 하니까…… 몇 페이지 읽고 닫게 되네요."

"쌤이 아까 얘기하신 내용 혹시 파일로 만들어 주실 수 있어요?"

물론 나도 안다. 책은 많이 읽으면 당연히 좋다.

그렇지만 그렇게 많은 페이지— 보는 순간 질리는 사람도 있는거다.

안 되는데 '무조건 된다'고, '하라'고 하면 그것만큼 고문이 없다.

나도 면허 딸 때는 모범생이었는데, 운전 못하거든.

다들, 자꾸, 왜 못하냐고, 해서 미친다.

머스크 오빠, 자율주행차 좀 빨리 시중에 보내 줘요. 내가 살게요.

힘든 사람들을 위해 '스트레칭' 정도의 분량도 있어야 한다.

'독서 포기자'에게 읽기 힘들지 않게, 재미있으라고— 파일로 만들어 보여 주던 내용이 책이 되었다. 여러분들의 질문으로 저는 더욱 공부하고, 노력하고 발전했음을 고백합니다. 고마워요.

〈이 책을 통해 다소 도움을 받을 수 있는 분〉

내 자식 잘 키우자고 야심 차게 육아 서적 오픈한 지 3분 만에 잠이 쏟아지시는 분

결혼하고 싶은 청춘 남녀

결혼을 앞둔 예비 커플

아이를 낳아 키우고 계신 분들

'요즘 것들(?)'이 어떻게 아이를 키우고 있는지 궁금하신 할머니, 할아버지

참고로 인생에 정답이 없듯, 제 책도 정답은 아닙니다만.

참고로, 아이들 영어 책과 DVD 관련 내용은 이미 시중에 나온 책들이 많아서 넣지 않았다. 요즘은 다들 보기만 해도 멀미 난다고 하니까. 그냥 애가 좋아하는 중고 사서 바닥에 굴러다니게 놔 두고 보여 주면 된다.

사랑하는 양가 부모님과 가족 모두에게 늘 감사 드린다.

그들은 내 마음 한 켠에 준비된 담요이다.

전우애로 다져진 내 남편, 앞으로도 잘 해 봅시다. 고맙습니다.

아울러 한국에서 나를 술안주(?) 삼고 있을 '치명적 매력'을 지닌 나의 친구들과 잔소리마저 떠받들어 주는 동생들, 학생 동지들에게—

육아로 허덕이는 부모님들, 이 모두에게 진심을 꾹꾹 눌러 담은 '파이팅'을 보낸다.

끝으로, 하나밖에 없는 우리 딸에게. 끝없는 사랑과 감사를 전한다.

얼굴과 손에 항상 사인펜이 묻어 있지만 무엇보다 빛나고 사랑스러운 아이야.

나는 네가, 고맙다. 늘 고맙다.

차례

냉장고 위에
붙어 있는 글

한국

내가 만약 다시 아이를 키운다면

– 다이애나 루먼스

만일 내가 다시 아이를 키운다면
먼저 아이의 자존심을 세워 주고
집은 나중에 세우리라.

아이와 함께 손가락 그림을 더 많이 그리고
손가락으로 명령하는 일은 덜 하리라.

아이를 바로잡으려고 덜 노력하고
아이와 하나가 되려고 더 노력하리라.

시계에서 눈을 떼고
눈으로 아이를 더 많이 바라보리라.

만일 내가 다시 아이를 키운다면
더 많이 아는 데 관심 갖지 않고
더 많이 관심 갖는 법을 배우리라.

자전거도 더 많이 타고
연도 더 많이 날리리라.

들판을 더 많이 뛰어다니고
별들을 더 오래 바라보리라.

더 많이 껴안고
더 적게 다투리라.

떡갈나무 속의
도토리를 더 자주 보리라.

덜 단호하고
더 많이 긍정하리라.

힘을 사랑하는 사람으로 보이지 않고

사랑의 힘을 가진 사람으로 보이리라.

아이를 낳고 한국에 사는 동안 냉장고에 내내 붙어 있던 글. 모든 글 위에 밑줄을 긋고 싶지만 가독성 때문에 생략했다.

캐나다

애 학교에서 이런 게 왔는데 해석 안 되는 무지함이여.

남편한테 물어보니까 이렇게 대답을 한다. 그대로 옮겨 봅니다.

"말하기 전에 생각하라고. 똑똑하게. 마음에 (눈가 주름을 가리키며) 링클이 생기면, 고치기가 어렵다고."

바로 냉장고에 붙이고 외워 보려고 했지만 외워지지는 않는다. 영어잖아.

하지만 말하기 전에 '링클'을 먼저 생각한다. 피부의 화이트닝 혹은 주름 개선보다 더 중요한 것이 무엇인지 잊지 않으려고 한다. 가족에게 하는 '예쁜 말'과 '사랑 담긴 행동'이 우선이다.

인큐베이터에 안 들어갔어요

우리 아이는 예정일보다 12일 먼저 나왔다.

내가 예정일보다 일찍 낳고 싶었는데, 이유는 결혼기념일과 날짜가 가까워서다.

늘 태명을 부르며 아이와 대화를 했다. 태교는 정말 효과가 있다. 아이스크림으로 거북한 속을 달래며 '우리 그냥 내일 만날까?' 했는데, 정말 그 다음 날에— 우리는 만났다. 애가 듣고 '오케이'를 외친 것 같은 기분.

감격은 하지만 얼굴과 눈, 코, 입 찾는 데는 시간이 걸린다.

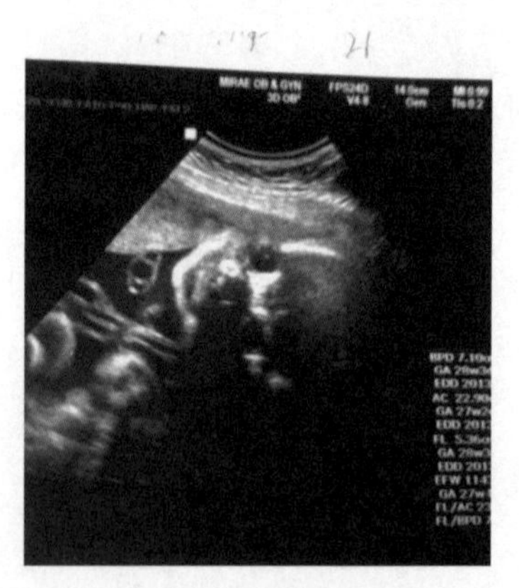

모든 부모가 보고 감격하는 사진

출산 과정을 얘기하면 출산 장려 정책에 누를 끼칠 수 있으니 생략. 누구나 그렇듯이 모진 진통과 인고의 시간 끝에 아이를 만났다.

모두가 핸드폰을 들고 아이에게로 뛰어갔다.

우리 남편만 나에게 왔다(물론 얼굴은 아기한테 가 있었지만). 그래서 지금도 할 수 없이 데리고 살고 있다.

괜찮다. 우리 남편은 웃자고 하는 농담에 죽자고 달려드는 사람 아니다. 아마도.

아이는 2.4kg에 태어났다. 아이는 건강하다고 하는데 애 몸무게를 들은 사람들이 다 묻는다.

"어머나, 그 정도면 인큐베이터에 안 들어가요?"

네네, 안 들어갑니다. 의사 선생님이 괜찮다고 하네요.

애가 머리가 작고 몸집도 작지만 괜찮다고 하니까 저에게 자꾸 겁주지 마세요.

알고 낳아도, 모르고 낳아도 애 처음 낳은 에미는 모든 게 낯설고 두렵고 서툴다.

생명에 지장이 없는 한, 굉장한 장애가 아닌 이상은 다 괜찮다고 생각해 주길. 평정심을 유지합시다. 아이는 이미 텔레파시로 부모의 감정을 읽고 있으니까.

갓난 아이들은 다 똑같이 생긴 것 같았다(지구 정복하러 온 외계인?).

우리 애는 그날 태어난 쌍둥이(보통 쌍둥이들은 뱃속에 둘이 들어 있으니까 혼자 태어나는 아이들보다 사이즈가 작은 편이다)랑 몸무게마저 같았는데, 다른 점이 있었다면 다른 애들보다 두상이 작고 다리가 유난히 길었다. 아빠 닮아서. 나 닮으면 답이 없다. 더 묻지 않기로 한다.

애랑 같이 사진 찍어 달라고 난리(산모가 애 낳고 사진을 찍고 있었다는 슬픈 전설이)를 치고 사진 300장 정도 남기신 '남편'이 몸조리를 시작하셨다.

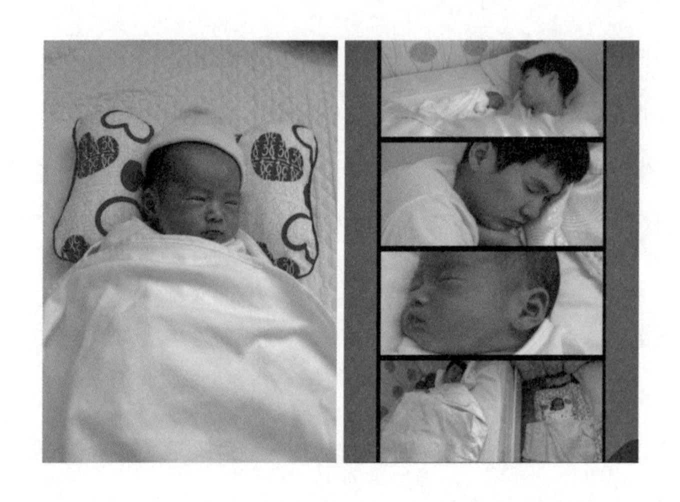

애 보러 온 모든 사람이 꼭 하는 말이 있다.
"언제 일어나? 갓난 애기는 잠만 자네."

그거 아는가?
이놈들은 낮에 자고 밤에 일어난다.
에미야, 일어나거라. 달이 떴다.

몸조리 기간,
얘야 우리는 감금되었다

일단 애 낳을 때는 죽을 것 같아서 잘 모르는데, 애랑 둘이 몸조리하면서 집 안에 감금되면 온몸이 다 아파 오기 시작한다. 머~리 어깨 무릎, 발 무릎 발.

인생 아무리 긍정적으로 살았어도 우울증 걸린다. '우울의 늪'이라고 해야 할까.

평생 안 하던 행동과 말로 나 자신이 자괴감 들고 괴로울 수 있다.

이때 조심하지 않으면 18층에서 뛰어내릴 수도 있다.

'긍정적'에 둘째가라면 서러운 나도 뛰어내리려고 베란다에 두 번 매달렸다.

원래 우리는 그런 사람 아니었다. 암, 아니었지.

호르몬 불균형과 갑작스런 이 외계인과의 조우가 부담스러울 뿐.

그리고 나랑 결혼한 남편은 애가 태어나면 내가 알던 그 남자가 아닐

수도 있다.

이 책을 아이 낳은, 혹은 아이 낳을 여자의 남편이 읽고 있다면—

아내를 잘 모셔드리기 바란다. 그게 지구의 평화를 지키는 길이다. 연애할 때 알던 그 여자가 아니다. 그러나 '당신 하기에 따라' 다시 돌아온다.

책 읽는 거 좋아하는데 애 낳고 몸 풀 때 책 많이 보면 눈이 나빠진다고 하네?

아오, 어쩌라고~오? 그 좋아하는 책을 마음껏 못 읽어 괴로웠다. 텔레비전이나 핸드폰, 진짜 멀리하는 게 건강에 좋아요. 몸조리 할 때는 조심할 것도 많다.

아이와 함께 집콕해야 할 때, 제일 재미있는(불가피한) 놀이는 '애 갖고 놀기'다.

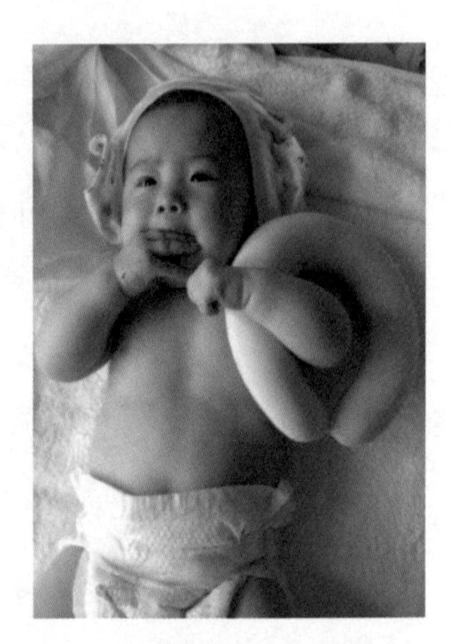

떠나요~ 둘이서~ 아빠는 잊어버리고~

애 낳고 핸드폰 만지고 있으면 눈이랑 손가락, 손목 관절 다 나간다. 내려 놔, 그 위험한 물건.

자손이 나를 닮는다는 건 무슨 의미일까

어른들은 아이를 보고 누구 닮았네, 누구 닮았네 한다.

본인 닮았다고 하면 유난히 좋아하는.

물론, 사고 치는 놈이 나 닮았다고 하면 어딜, 하며 삿대질한다.

왜 그럴까.

아무래도 '우성' 유전자를 가진 '내'가 ― 후대를 위해 큰일 했다는 마음?

아무리 봐도 나 닮은 건 모르겠……

나는 '나'에요. 상관 말아 요, 요, 요.

고모가 입었던 옷을 물려 입었다. 참 묘하고 뿌듯한 기분이 든다. 딸 조카가 태어나면 물려주기로 했는데 조카 둘 다 아들이라 내가 보관 중. 내 딸이 또 딸을 낳으면 물려줄지도 모른다는 미래 중의 상 미래를 그려 보면서?

내 주변 딸 가진 엄마들은 다들 자기 딸 시집 안 보낸다고 난리네? 그러면서 아들은 꼭 장가보낸다고.

이런 생각을 하는 것 자체가 우습다. 에미 되면 좋은 쪽이든 아닌 쪽이든 상상력이 풍부해진다.

우리 아빠가 고양이 데려오면 버린다고 했어요, 그랬는데 뽀뽀하고 끼고 자는 '짤'이 유행이었다. 아이가 태어나면 어른들에게서 그런 '묘'한 느낌을 받는다.

우리 집안에서 무섭기로 소문난 시할아버님(옆에는 항상 나와 애기가 앉았던 것으로 기억하는)도 아이에게 마음을 얻기 위해 몸부림(!)치셨다. 구경할수록 신기방기.

자손이란 무엇일까. 자손이 '나를 닮는다는 것'에 나이 먹을수록 신경이 쓰이는(?) 이유를 난 아직 잘 모른다. 다행히도 우리 딸은 시댁의 모든 어른들의 얼굴을 다 담고 태어났다.

모두가 자길 닮았다고 하니, 이보다 더 다행스러운 일이 어디 있으랴. 딸아, 너는 이미 얼굴로 효를 다 했다.

누구를 닮았든 예쁜 내 새끼. 항상 사랑한다고 말해 주세요. 수시로 끌어안고 부비부비 해 주세요. 그것보다 좋은 양육법은 없답니다.

아이는 증조 할아버지가 돌아가신지 아직도 모른다. 서울 어디 계신 줄 안다.

죽음에 대해서 아이에게 설명하는 것만큼 어려운 일이 있을까.

나는 아직도 고민한다.

아이에게 그 단어를 어떻게 설명해야 하는지에 대해.

아이가 크기 전에 답을 찾을 수 있을지도 잘 모르겠다.

아이가 초등학교를 들어가도 이 질문은 계속된다.

좋은 대답을 가지고 계신 분이 있다면 꼭, 공유해 주셨으면 좋겠다.

0~36개월까지 애 성격이 다 만들어진다더라

틀린 말은 아니다. 왜냐하면 박사님, 박박사님들의 책들에 많이 소개가 되어 있다. 나도 동의는 한다.

태교 에피소드.

뱃속에 있을 때 늘 태명을 불러 가며 아이와 대화했다.

그게 습관이 되니까 애가 태어난 다음 날, 애가 옆에 있는데 배를 쓰다듬으면서(애가 태어난 후에도 배가 불러 있는 거 보면 깜짝 놀랄 걸?) 태교를.

웃지마. 너도 그럴 거야.

애 낳았는데 둥근(?) 배는 그대로 있다. 아, 풍선을 크게 불었다가 바람이 빠진 것 같은 그 '껍데기'라고 해야 하나. 나는 애 낳고 백일 동안 남들 다 살 빠지고 붓기 빠질 때 몸무게 그대로였다. 애기 몸무게만큼도 안 빠짐.

당신이 만약 임산부라면, 머지않은 당신의 미래를 위해 건배.

태교 때부터 지금까지 내가 '큰 목표'로 삼는 거.

화내지 않는다. 남편, 아이와 대화한다.

이 큰 틀을 벗어나지 않으려 한다. 그 다음은 부수적이다. 알다시피, 이게 제일 어렵다. 나는 머리가 나빠서 이보다, 뭘 더 할 수가 없다.

인내심의 90%는 여기에 다 쓴다고 생각하면 됩니다.

어쩌면 지혜란 단어는 인내심과 무게가 같을지도 모른다.

원래 보살 아니에요? 태어날 때부터 화 낼 줄 모르는 사람 아니었어요? 이런 말 많이 듣는데, 해 보신 분들은 자알 아시겠지만, 결혼하고 애 낳고 키우면 '없던 화'도 생긴다. 사리 나오면 진주 목걸이 해야지.

36개월까지 꼭 해야 할 일.

'우리 엄마는 나를 사랑하고, 항상 '내 느린 말'을 들어줄 준비가 되어 있는 사람이다'를 몸으로 느끼게 해 줘야 한다.

책을 읽어 주고, 영어 중국어 어쩌고 저쩌고, 그건 다 부수적인 거.

애 하고 싶은 대로(내 생명, 네 생명, 남 생명에 지장 없는 범위 내에서) 본인 할 수 있는 모든 것을 시도해 볼 수 있게 도와주는 게 내 스타일 육아의 핵심이었다.

이미 그 시기를 지났다고 해도 이 원칙은 늘 동일하다. 아이에 대해 '늦은 때'는 없다.

아이가 태어난 지 한참이 지났어도 나는 아이와 보이지 않는 탯줄로 연결되어 있는 기분이다.

창문에 스티커 1,000개 붙이는 애기 놈의 정성……

에미…… 눈감아……

이렇게 살자면, 눈감고 귀 닫아. 내 새끼만 보는 겁니다.

남편 및 어른들로부터 잔소리는 기본, 주변의 눈초리 정도는 각오해야 한다.

한국 사회의 편견은 생각보다 대단하다. 어른들도 인터넷도 다 복병이다.

나는 아이 낳고 키울 때도, 지금 애가 초딩이 된 후에도 육아에 대해서는 '거의' 인터넷 검색을 하지 않는다. 인내심과 책으로 해결한다.

그 시간에 아이와 대화하고, 노래 부르고, 책을 읽으면 없던(?) 사랑도 싹튼다.

너는 애랑
뭐하고 놀아?

어떤 언니가 전화 와서 상담한 내용.

"애가 이번에 어린이집을 안 간다고 드러누웠잖니. 누구누구하고 어쩌고 저쩌고 한 일이 있었거든. 나도 너처럼 큰 맘 먹고 애를 집에 데리고 있고 싶어도 그게 잘 안 된다? 너는 집에서 애랑 뭐하고 놀아? 애가 심심해하지 않아?"

솔직히 말하면, 우리 집 꼬맹이는 '심심하다'는 단어를 몰랐다. 초등학교 가서야 배웠다, 친구들에게. 늦게 배워 나쁘지 않은 단어인 것 같다. 나는, 평생 심심해 본 적이 없다. 늘 할 일이 있고, 하고 싶은 일이 있으면 심심할 겨를 없다. 왜 이런 말을 하면 재수 없다는 소리를 들어야 합니까.

안 심심하게 사는 게 좋은 거 아닙니까. 한가하고 여유롭게 산책할 수 있는 시간이 있으면 참 좋다. 남는 시간=여유. 그걸 꼭 '심심하다'고 표현해야 하는 걸까? 그게 심심한 거라면, 난 심심한 게 참 좋다.

우리 아이는 책을 안 좋아해요, 어떻게 하면 좋아하게 만들 수 있어요?

엄마, 아빠 둘 중에 한 사람이 좋아하면 '자동으로' 갑니다. 아이는 엄마, 아빠의 모습을 모방하고 싶어한다.

내가 공부를 하다가 화장실을 가면 아이는 내 안경을 쓰고 뭔가를 하고 있었다.

표정만 보면 이미 피카소

아이는 심심하지 않다. 하고 싶은 게 많은데 부모가 못하게 했을 뿐.

그냥 본인 하고 싶은 거 하게 놔두면 된다. 텔레비전이나 아이패드 주는 거 말고요.

단점이 있다. 집이 민망할 정도로 더러워진다. 애 크면 자동으로 깨끗해져요. 저희 집은 아직도 더럽습니다만. 이것만 감수하면 없던 창의력도 솟아난다.

그런데 뭐, 말이 쉽지. 깔깔깔. 냄비에 붓던 쌀을 바닥에 붓기도 하고, 기어 올라가는 건 다반사. 다 꺼내고, 다 엎는다. 그런데 어차피 하지 말라고 하면 더 한다.

화장실 다녀와 보면(그마저 내 맘대로 혼자 갈 수 있는 줄 아느냐) 읽으라고 준 책을 찢어 먹고 있다. 맛있니? 이놈이 진짜 나랑 해 보자는 거

냐…… 어허허.

작은 구슬이나 단추, 동전 등은 어린아이일 경우 삼킬 수 있으니 주의해 주세요.

아, 그리고 엄마 자리 비운 사이에 블루베리나 마늘을 콧구멍, 귓구멍에 넣는 놈들도 있어요. 아이 손 안 닿는 곳으로 치우고 화장실 가세요.

공룡기(아이마다 다르다. 공룡기, 공주기, 부릉부릉기 등등이 있다)를 지나 6살이 넘으니 장난감 사 달라는 말을 거의 안 하게 된다. 본인이 만들어서 갖고 논다. 들고 다니며 자랑도 한다. 자랑하는 맛에 만드는 건가.

우리 애는 만들기를 안 좋아해요. 그럼 어떻게 하나요?

낸들 압니까. 본인 자식을 저한테 물으시면 어쩌란 말입니꽈아. 사실, 우리 애도 안 좋아했는데, 어느 날 갑자기 좋아하더랍니다.

애가 뭘 좋아하는지 아이한테 '따져 묻지' 말고 '지켜봐' 주세요.

그리고 원래 그 자리에 있었던 것처럼 '말없이' 채워 주세요. 책도, 만들기 재료(라고 쓰고 '쓰레기'라고 읽는다)도, 엄마의 웃는 표정도.

백만 원짜리 가베 사 준 다음에 애한테 똑바로 하라고, 흘리지 말라고, 정리 잘 하라고— 정신 교육 시키지 마시고. 쫌.

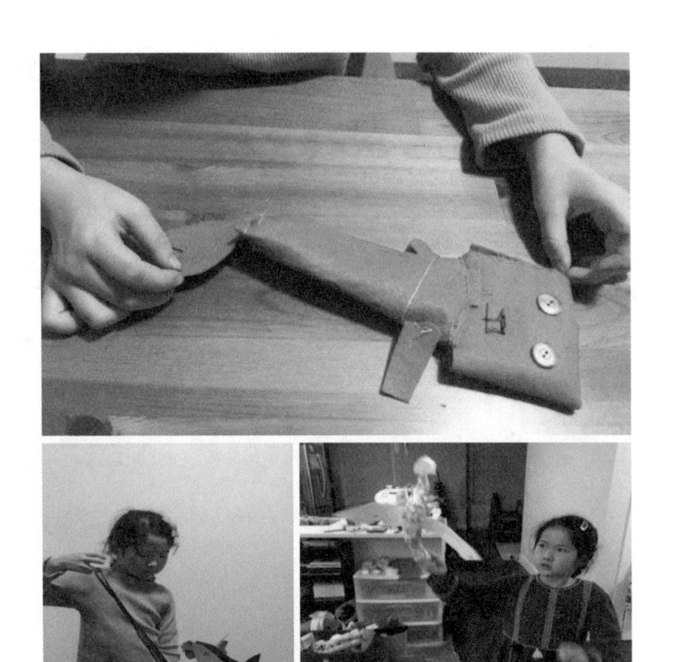

재료는 휴지심이나 호일 등등…… 혹은 천냥 마트 구매품.

우리 집은 늘 더럽다. 특히 거실과 안방은 아이의 놀이터이자 공작소.

그리고 만들고 놀다가 조용해서 보면 책을 펼치고 그대로 망부석처럼 앉아 있다.

가끔 우리 집을 일부러 '견학' 왔다가 헉, 하고 놀라시는 분들이 있다.

더러워서 놀라고, 본인의 아이가 엄마 안 찾고 놀아서 놀라고.

아이들은 원래 알아서 잘 논다.

사실, 거기까지 크는 데 얼마 안 걸린다.

아악, 나한테 가까이 오지마아!

아이가 엄마를 찾을 때는 엄마가 항상 품을 내주어야 한다. 아이가 자라서 엄마를 떠나려고 할 때는 늘 엄마가 그 자리에 있음을 마음으로 전하며, 기쁜 마음으로 놓아주어야 한다.

사람들을 만나 보면, 뭔가 순서가 뒤바뀐 느낌이 든다.

아이는 작은 어른이 아니다

어른과는 다른 종족이다.

그래서 공부해야 한다. 이 생명체(!)에 대해.

"얘가 진짜. 엄마가 몇 번을 말해? 왜 이렇게 말귀를 못 알아듣니?"

키즈 카페에서 엄청 많이 들리는 대사 중 하나.

어머님, 못 알아들어야 정상이에요. 딱 보니까 애가 2살도 안 된 것 같은데.

애가 초등학교를 들어가도 못 알아듣는데 지구 말 못 하는 외계인이 뭘 압니까.

40개월 미만의 아이를 키우는 주변 후배들이 울면서 전화가 오면 나는 늘 하는 말이 있다. 그 아이는 인내심과 사랑에 대해서 몸으로 체득하며 배우라고 하늘에서 보낸 외계인이다. 너랑 다른 종족이다.

어른들은 애기를 '작은 어른' 다루듯 한다.

애는 부모의 세계를 모르고, 어른은 아이의 공상 과학 영화 같은 세계를 모른다.

믿기 어려우시겠지만 아이는 알아가려고 필사적으로 노력하고 있다.

잘 먹고, 잘 싸고, 잘 자고, 잘 놀아 주는 게 아이 최선의 노력이라고 생각해 보면 어떨까요?

우리는 서로를 이해하기 위해 사랑하고 인내해야 하고, 공부해야 한다.

거기에 시간과 노력을 투자한 부모는 '친구 같은' 자녀와 10년 후에 조우한다.

바스락 소리가 나는 비닐 봉지와 종이 책은 훌륭한 장난감이었다.

아니라면? 중2병이나, 고2병 걸린 자식놈과 싸워야지 뭐. 각오해라. 멀지 않았다.

언제가 제일 예뻐요? 당연히 잘 때. 마이 웨이 하지 말고 자라, 좀!

아이와 있을 때는 무리한 시간 약속을 잡지 않았다.

우리 아이는 느려도 참 느렸다. 뭐 그렇게 볼 게 많고 만져야 되는 게 많은 건지.

원래는 불같이 급한 성격을 가진 나도 아이 앞에서는 느려지도록 부단히 애썼다. 그게 참 많이 힘들었다.

때로는 내 시간이 아이 안에서 멈춰 버린 것 같기도 했다.

나의 젊은 시절이 아이에게 희생되는 것 같기도 했다. 누가 보상해 주냐고오!

아이가 초등학교를 들어가고 보니, 그 시간은 아이가 나에게 준 선물이었다. 돌아가고 싶어도 다시는 돌아갈 수 없다.

"제일 힘들 때가 제일 예쁠 때랍니다."

진심이다.

원래 사람은, 내가 가지고 있을 때는 귀한 줄 모른다.

나는 지금의 귀여운 내 새끼를 즐기려고 한다.

지금, 당장.

이 시간도 가면 다시 오지 않을 추억의 시간이다.

아이에게 처음은 모두 신기하다

어린아이에겐 모든 게 '처음'이다.

제주에서 아이를 키우면 좋은 점이 많다.

일단 이동거리가 짧고, 서울처럼 사람이 바글거리지 않는다.

어디든 마음 먹으면 택시 타고 갈 수도 있다. 돈은 들지만 타 지역만큼은 아니다.

자연이 도처에 널려 있다.

제주 바다와 오름은 정말 환상적이다.

늘 그 자리에 있지만, 늘 다른 얼굴이다.

아이를 데리고 그런 곳으로 언제든(?) 갈 수 있다.

이렇게 말하지만 사실 내가 제일 많이 한 일은 유모차 끌고 동네 마실. 단 둘이.

아이가 처음으로 바다를 본 날, 그 표정을 잊지 못한다.

봤다는 것은 눈으로 '봤다'를 말하는 것이 아니다.

물과 모래를 두려워하지 않았다.

딸은 진정한 비바리였다.

제주 곽지 바다

나는 딸들이 기저귀를 차고 치마를 입고 뒤뚱뒤뚱(?)거리는 모습을 굉장히 사랑한다.

가서 엉덩이를 빵빵 걷어 차 주고 싶다. (응?)

우리 딸은 기저귀를 굉장히 늦게 졸업했다. 잔소리 많이 들었지만, 난 개의치 않았다. 아니, 신경 쓰지 않으려고 노력했다.

아이들의 눈이 맞다.

우리는 '안다'고 생각하면서부터 순수함을 잃어버렸다.

아이들이 모두 천재라는 건, 뭐든지 '우와' 하고 받아들일 수 있기 때문이 아닐까?

어른들은 나이가 먹고 '알아가면서' 감탄사를 잃어버린다.

물음표와 느낌표가 없어지면 인생은 재미도, 감동도 없다. 우린 정말 '제대로 알고' 있는 걸까요.

우와, 하면서 아름답고 신기한 것들을 평생 느끼고 싶다.

철없이 나이 들고 싶다.

예외, 처음이 빨라서 좋을 거 없는 이놈. 설탕 덩어리 아기 음료수 맛

마이쮸쮸쮸.

요즘 보면 애들이 군것질을 너무 달고 사는 집이 많다.

나도 뭐, 아주 피하지는 못하니, 매우 가아끔.

너무 안 먹인다고 유난스러운 것도 서로 괴롭지만 이런 거 많이 먹으면 소아 당뇨 와~

성격 급해지고 나빠진다.

식품 첨가물이랑 방부제는 음식이 아니다.

순수한 '음식'을 먹어야 건강해진다.

선택하세요.

당장 이걸 애 입에 물려 주고 내가 편할 것인지, 지금 인내하고 아이의 몸과 마음의 건강을 얻을지를.

천천히 커도 괜찮아

발달 장애적 문제가 아니라면. 천천히 해도, 천천히 커도 괜찮다.

내 친구 딸은 어제 오늘 한 일을 줄줄 읊는데,

우리 딸은 한~참 생각하다가 '엄콰' 한 마디 한다. 참 느렸다.

지금도 말을 천천히 한다. 장애가 있는 것은 아니다. 괜찮다.

생각이 많은 것뿐이고, 다른 아이들과 다른 표현을 하고 싶을 뿐이다.

늦게 걸었다. 그래도 지금은 뛰면 멈추지 않는다. 조만간 마라톤도 할 기세.

어차피 평생 걷는다. 며칠 더 늦게 걷는다고 별 일 없다.

옛날 어르신들, 자꾸 애를 때려 가며 가르쳐야 한다고 한다. 오, 마이, 갓님.

안 때려도 말 잘 듣고, 잘 하게 키울 수 있다는 것을 그대가 보여 줘야 한다.

때리고 화 내는 건 훈육이 아니다. 폭력이다.

내가 예언을 하겠다.

당장은 아이의 행동을 멈출 수 있지만, 나중에 본인이 그렇게 도로 당한다.

기저귀 남들 다 떼고 팬티 갈아입을 때 우리 애는 기저귀에 똥 묻었다고 난리를 쳤다.

괜찮다. 초등학교 가기 전에 다 뗀다. 밤에 잘 때 기저귀 한다고 스트레스 받는 엄마들 많다. 그냥 어른들한테 얘기하지 말고(기저귀 뗐다고 차라리 구라를 치자), 애한테 스트레스 주지 말고 기다리면 '졸업'의 그 날은 반드시 온다.

초등학교 갔어도 가아아끔 밤에 실수할 때 있다.

우리 애는 '엄놔 미안해' 하면서 팬티를 철푸덕(오줌 먹은 팬티가 바닥에 떨어지는 소리를 듣고 계십니다) 벗는다. 이불 빨래 예약이요. 나…… 난…… 괘…… ㄴ…… 괜찮다…….

영어로 태교를 못했다고, 나는 아이한테 못 해 줘서 어쩌냐고. 애가 12개월인데 너무 늦은 거 아니냐고 지나가던 옆 동네 순이 엄마가 묻는다.

괜찮다. 나는 다 늙어서 이제야 '헬로' 하고 있는데, 열심히 하다 보면 회화할거다.

우리 애는 말도 늦고 영어로 태교 안 했어도 한국어도 하고 영어도 한다.

몇 년 더 있으면 중국어나 일본어를 할지도 모른다. 어쨌든 할 줄 아는 게, 하고 싶은 게 뭐가 되었건 그건 애 마음이다. 그리고 에미가 안 하던 거 하는 척 난리 치면 애가 더 잘 안다. 자연스럽게 하는 게 지혜다.

남들은 꽃을 그리고 공주를 그리면 '뭘' 그렸는지를 알겠는데, 우리 집 놈은 동그라미도 작대기 하나도 뭔 모양인지 알 수 없는 추상화만 그렸다.

"피카소네, 피카소야."

나는 딸을 '양카소'라고 불렀다. 듣던 남편이 진심으로 비웃었다.

태어나서 처음 그린 그림/박스에 크레용

한숨이 푹푹 나올 때도 많았지만 애 앞에서는 늘 박수를 쳐 주었다.

지금은 뱀이나 용은 끝내주게 잘 그린다.

할아버지가 통화 중에 '소재를 좀 다양하게 하는 게 어떻겠냐'고 하셨다.

쿨한 표정으로 '할아버지 밭'을 그린다. 할아버지에게 보내라고 하고 (A4용지를 여러 장 늘여 붙여서 그렸는데, 너무 길어. 지금 한국 계신 할아버지 방에 소장 중),

하부지 밭 그림 일부

다시 엎드려서 「드래곤 길들이기」에 나오는 용 시리즈를 줄창 그리고 앉았다.

그리고 싶은 게 정해져 있는데 저라고 어쩌겠습니까.

피는 못 속인다. 당신이 낳은 애 놈은 안 봐도 부모 닮아서 '그렇게' 하고 있다.

뭔 짓을 하고 있는지는 몰라도 당신 닮아서 그렇게 하고 있다. 너 닮아서 그렇다고요.

당신 자신부터 개조해야 한다. 아이가 알아차리기 전에.

애새끼가 속 썩인다고 울기 전에 에미와 그 남편 어릴 때 어떻게 했는지 생각하고 반성하자. 나는 학교 가는 거 지금도 싫다. 우리 애도 학교 가기 싫어한다.

남편은 '아무 생각 없이 가라고 해서' 갔다고 한다. 누구의 어떤 면을 닮을지는 서로 모르지만 애가 이상한 짓을 하면 다 내 탓이려니.

가슴을 치다 보면 해탈도 하고 득도도 할 수 있다.

네가 어디서 뭘 그리든, 엄마는 너를 응원해.

그른데에~ (우리 딸은 '그런데'를 이렇게 발음한다)

엄마는 이제 뱀이랑 용은 좀 지겨워. (이거슨 에미 마음의 소리)

나중에 네가 한글을 읽을 수 있을 때 쯤이면 소재가 바뀌었게……ㅆ……. 미안하다, 헛소리.

우리 집에는 온갖 파충류가 각종 모양(그림과 공작)으로 서식한다.

애가 뭘 좋아하면, 차암~ 오래도 좋아한다.

그래도 네가 엄마를 좋아해서 '그래도 다행'이라고 스스로를 위로한다.

피카소도 동그라미만 무자게 그리던 때가 있었을 것이여.

나도
말 못하던 때가 있었죠

뱃속에 있을 때부터 지금까지 대화로 키웠다.

엄마라고 해 줄 수 있는 게 그것밖에 없어서.

나는, 잘 듣는다.

말도 잘하지만. 굳이 둘 중에 고른다면 단연 듣는 걸 잘한다.

부모는 들어 주는 것만 잘 해도 좋은 부모라고 단언한다.

조건: 애들한테 격한 호응은 괜찮아요.

그런데 제발 토 달고 가르치려고 듣지 맙시다. 선수끼리.

아이랑 대화를 한다. 처음에는 혼잣말 대잔치지 뭐. 애가 말을 못하잖아. 그런데 옹알이와 표정으로 먹고 싶다는 건지, 쌌다는 건지를 아는 '득도(得道)의 날'이 온다.

애가 2살이 되도록 아이 사인을 모르는 엄마도 봤다.

에미 아닌 나도 알겠는데. 문제가 심각하다.

알아듣건 못 알아듣건 열심히 째려봐야 한다. 아이의 사인을 '제대로' 읽을 때까지.

애가 말 배울 때? 귀여워 미친다. 못 알아들어서 그렇지. 그런데 본인이 해석해서 본인 화법으로 말하는 엄마들 많다.

에미야, 애는 그런 의미 아니다?

그러니까 자꾸 애가 엄마한테 화 내는 거다?

애가 말이 늦고, 짧고, 황당한 행동을 할수록 더 열심히 들여다보고 따뜻하게 반응하자.

애는 왜 대답을 안 해? 어른들에게 그런 소리 들을 때 마다 엄마 마음이 타들어 갔다. 친구들과 놀면 우리 애는 말이 느려서, 말 끝나기 전에 다른 놈들이 채간다.

나 아니면 이놈을 누가 기다려 주랴. 엄마가 듣고 있단다, 아가. 괜찮아. 다 괜찮아.

아이가 말도 좀 하고 자기 주장을 펴면서는 고집이 생긴다. 고무줄 같이 팽팽하게 감정이 오고 가기도 한다. 미운 네 살, 미친 일곱 살. 집 나가는 사춘기 등등.

똑똑한 놈들은 1년씩 일찍 온다. 우리 집은 느려서 1년씩 늦게 왔다.

나는 고무줄을 잡지 않는다. 애한테 준다. 이건 애를 '모시고 산다'는 뜻이 아니다.

감정의 고무줄 잡아 당기는 시간에 내 머리끄덩이를 잡아 당긴다. 참아야 하느니라.

내가 너를 이기고 가르쳐 무엇 하리오.

그냥 좋은 말로 잘 얘기한다. 못 알아먹을 것 같지만 다 알아먹는다.

애는 알아먹는다. 남편은 못 알아먹는다.

어느덧 아이가 초딩이 되었다.

"엄마 아파? 표정이(여기서 아직 '이'자를 빼지 못하는 어법을 구사하지만 귀여우니까 일부러 고쳐 주지는 않는다. 때 되면 다 안다)가 아프네. 서현이가 안아 주면 다 나을 거야."

마음 씀씀이가 예쁜 우리 딸. 피곤한 엄마를 자주 안아 준다.

(자, 간다아~) 달려오면서 으랏찻차아~ 파닥, 하고 날아 오르면서 쭈욱— 물귀신처럼 매달려서 문제지.

파닥파닥 신선한 우리 아기 놈.

내가 실천한 책 육아가
다른 육아서와 다른 점

애도 나도 책을 좋아한다. 내가 책을 읽으면 애도 옆에서 책을 읽었다.

물론 읽어 달라고 하면 귀찮다. 그래도 그냥 읽어 준다. 영어고 한국어고 중국어고 책 들고 오는 대로 읽어 준다. 물론 에미는 보나마나 외국어는 마구 틀리게 읽고 있을 것이다.

에미가 잘못 읽어도 애는 모른다. 그리고 신경 쓰지 않는다. 엄마가 읽어 주면 마냥 좋아한다.

아, 요즘은 내가 영어를 틀리게 읽으면 조용히 지적을 하기도 한다. 허허허.

애한테 앉으라고 해서 '인증샷' 찍으려고 '어이, 가만히 있어 봐' 소리를 안 했다.

만들기를 하든, 그림을 그리든 책을 읽든 그대로 두었다.

사진을 찍어도 그 자연스러운 모습만 담았다.

어렵지만, 아이를 날것으로 두고 싶었다. 아이 그대로.

물론 '기본'을 가르치면 안 된다는 소리가 아니다.

웃자고 얘기하면 죽자고 달려드는 사람들이 늘 있다.

책을 읽기도 하고, 먹기도 했다.

책으로 길을 만들기도 했고, 탑을 쌓기도 했다.

어려운 책을 들고 가서 읽는 척(글씨를 못 읽으니까) 한참을 들여다보기도 한다.

다 괜찮다. 우리 아이에게 책은 장난감 중 하나일 뿐이었다.

황홀한 글 감옥

애를 '어린이집에 안 보내서 애가 말을 못한다'는 소리도 많이 들었다. 힘들었지만 내색하지 않았다. 제발, 남의 집 에미와 애한테 잔소리 금지법 좀 만들자.

오지랖은 스스로에게만 떠는 게 어떨까요.

쌀은 뿌렸지만 작두는 타지 않았다

남편이 남긴 명언 중 하나.

"아무리 잘 크고 있는 과정이라고 해도 남이랑 다르면 인정 받지 못한다. 결과(그래서 그 아이는 서울대를 갔답니다)가 없으면 입 다물고 있어야 한다."

나는 서울대 가고 하버드 가면 그게 '인생 성공'이라고 생각하지 않는데 어쩌나요. 그것도 하나의 '과정'이 아닐까. 물론 과정 중 하나의 작은 성공일수는 있겠다.

캐나다, 이거 하나는 좋다. 남이사 그러거나 말거나. 민폐 아니면 다들 신경 안 쓰는 거.

단적인 예. 애가 드래곤 옷을 입고 뱀을 들고 다니니까 '귀엽다' 그런다. 리액션 장난 아니고, "쏘 큐~트!" 뭐 이렇게.

한국에서는? '어린 애가 참 망측스러버라' 했다.

애 귀를 때맞춰 막을 수도 없고. 애기는 '엄마, 망쯔기가 뭐야?' 하고 물었다.

아이에게 어른들이 하는 나쁜 말을 굳이 설명해 주고 싶지 않다. 그런데 자꾸 듣는다.

나라에서 정기적으로 어른들을 모아서 '예쁜 말 교육'을 시켰으면 좋겠다.

농담 아니다. 꼰대 예방 차원에서. 그럼 정말 살기 좋은 나라 될 텐데.

지금도 말이 빠르거나 유창하지는 않지만, 이 녀석은 마음이 따뜻하다.

그리고 다른 사람들이 잘 하지 않는 희한한 말을 잘 한다. 난 그거면 됐다.

빠르고 많은 말은 힘이 없다.

조만간 AI 강의도 보편화될 것이다. 그러거나 말거나. 남의 말 잘 듣고, 귀한 말 하는 사람이 살아남을 거다.

에미는 밭을 갈거라,
나는 자겠다

시간을 벌려면 애와 애비 자는 시간에— 엄마는 잘 수가 없다. 일찍 일어나고 늦게 자야 하는, 선택의 여지가 따로 없는 피곤한 에미의 삶. 어린아이 둔 엄마들한테 늘 얘기한다. 애랑 같이 자고 같이 일어나라고. 몸 상한다고. 그러면서 나는 자꾸 깨어 있다. 불가능한 거, 저도 알아요.

그러니 여러분, 제발 핸드폰이라도 내려놓아.

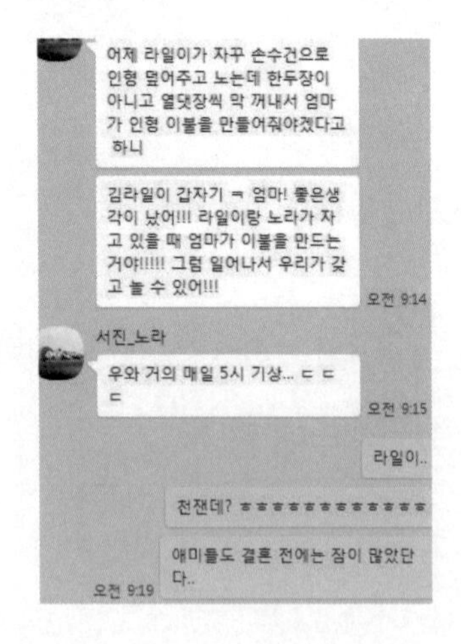

이거 봐, 이거. 에미는 잘 수가 읎써. 당췌에.

우리도 아줌마 되기 전에는 잠도 많고 꿈도 많았지.

잠은 잘 수 없어도 꿈은 꾸자. 그냥 아줌마로 남기엔, 우린 너무 젊다.

그리운 날들이여, 안녕. 외로운 눈물이여, 안녕.

이제는 아이가 일어날 시간이라고 생각해.

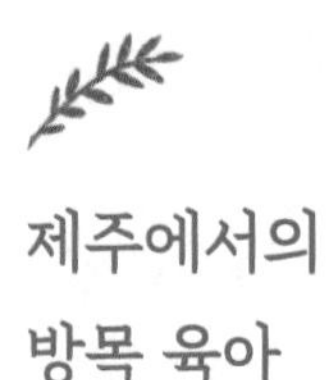

제주에서의
방목 육아

애가 워낙 동물을 좋아해서 동물 있는 곳은 다 갔다.

제주도에는 동물 체험장이 많다.

아이가 제일 좋아하던 '앵무야 앵무야' 사장님은 캐나다 와서도 연락하고 지낸다.

사이언티스트_아티스트(우리 딸이 만든 단어, 본인 장래 희망)께서 말씀하신다. 에미야 지금 고양이는 이런 표정이다. 나를 잘 보거라. 그리고 따라 하거라. – 동물 카페 '스마일러'에서.

뱀을 아이 목에 감아 주던 파충류 체험 박사, 강문호 선생님. 저 도망갈 때 저 보고 웃은 거 저는 잊지 않아요!

날 수 있다더니 한다는 짓

참고로, 내 새끼 사진은 내 눈에만 예쁜 거다.

자식 있는 부모는 지 새끼 사진이 백 배 예쁘다. 가족, 조카, 친구 아닌 이상에야 남의 새끼 사진은 아무리 예뻐도 감흥 없다.

그게 부모다.

비가 오나 눈이 오나 나가서 하루 종일 바쁘게 '뭔 짓거리'를 하다가 신발 신은 채로 들어가 소파에 누워 잔다.

걸음마 하고 걸을 줄 알면 장화 2개는 있어야 한다.

일단 나갔다 오면 그 안에 물과 흙이 떡이 된다.

그거 씻고 말리려면 짜증난다. 로테이션으로 신을 수 있어야 한다.

산책하러 갔다가 남의 집 개를 얻어(?) 대신 산책시켰다. 물릴 수 있으니 조심.

아이들의 공룡기

애가 공룡을 너무 좋아해서(서현 공룡기 3년) 미치는 줄 알았다. 공룡 박사 딸이라니요.

티라노 사우르스 하나밖에 모르던 에미는 수각류, 용각류 같은 고급 단어도 깨치며 공룡 박사가 되었다. 신기한 건, 아이가 그 시기를 거치고 나서 다른 놈으로 갈아 타면 에미도 전공 분야를 함께 갈아 탄다. 요즘은 알로 사우르스와 티렉스 삽화를 보고 구분을 잘 못한다. 인간의 뇌는 정말 신기하다.

우리 애가 공룡 때문에 난리를 칠 때, 주변에는 공룡에 열광하는 자가 없었다. 외로운 공룡기를 나 홀로 견뎠다.

공룡이 (나 보시기에) 어디 아름다운 구석이 있나.

나는 솔직히 공룡이, 참 괴로웠다.

맨날 공룡 책 읽고, 그리라고(본인이 못 그리면 애들은 부모더러 그리라고 하면서 대리 만족한다)해서 맨날 시달리고.

공룡 뼈 화석 사달라고 해서 맞춰 달라고 난리고.

공룡 메카드 만든 사람, 나한테 걸리면 알아서 해라.

악몽을 꿨다. 브라키오 사우르스가 따라온다. 내가 아무리 도망가도 뒷 발에서 앞 발까지도 못 간다. 내가 가는 건지 공룡이 오는 건지 앞뒤를 모르는 지경이 된다. 으악, 하며 깬다.

애가 좀 크고 나니까 '생각을 할 수 있는' 머리가 생겼다. 애랑 한참 그런 거 가지고 씨름할 때는 (내 새끼한테) 뇌가 없는 것 같았다. 아닌 거 알지만, 삽질할 때는 에미 뇌도 마비되는 마당에 무슨.

캐나다 와서 에피소드 하나.

놀이터에서 노는데 노란 머리 남자애 하나가 와서 우리 딸한테 와서 말을 건다. 자기가 입은 티셔츠에 그려진 공룡이 '티렉스'라면서. 너 이거 아냐고.

그때 우리 딸은 공룡이 종류별로 수놓아져(?) 있는 옷을 입고 있었다.

우리 딸은 현란한(에미 귀에는) 영어 발음으로 자기 옷에 있는 공룡 이름을 읊었다.

공룡행진, 공룡행진, 발 맞추어 나가자~

노란 머리 남자애는 그날, 놀이터에

서 2시간 동안 우리 애를 죽자 살자 따라다녔다.

공룡 이름 또 얘기해 보라면서. 같이 놀자고.

지성미란 그런 거다.

딸이 공룡이랑 뱀을 좀 안고 다니면 어떠냐.

그냥 둬라, 그녀의 야성미에 넋을 잃은 남자 애들이 따라다니게 된다. 애 아빠가 열 받아서 '내 딸은 안 돼' 하며 야구 방망이를 휘두르느라 운동이 되는 기현상을 곧 목도하게 된다. 에미는 애기 궁둥이 두들겨 주면서 '어므나, 드래곤 코스튬 잘 어울리네~' 하면서 사이좋게 가면 된다.

캐나다에서 할로윈 행사 때

우리 엄마가 그랬다. 네 딸은 시집 못 보낸다고 그러는 너는, 우리 집 귀한 딸을 데리고 캐나다 갔냐고. 남편한테 꼭 얘기하라고 했다.

우리 집 놈은 동물은 기본적으로 안 가리고 다 좋아한다. 지렁이 빼고. 관심사는 공룡에서 뱀으로 갔다. 지렁이는 징그럽고 뱀은 귀엽다는 이론은 뭔가. 뱀은 도롱뇽을 거쳐 용으로 진화했다.

아이는 그렇게 알아서 잘 자란다. 엄마가 뭐 해 주려고 난리 안 쳐도 된다.

내 욕심을 좀 내려놓고 '아이가 좋아하는 것'에 초점을 맞추면 쉽다. 그냥 두면 알아서 큰다. 방목, 어렵지 않다.

책 많이 보고, 많이 읽어 준다. 그럼에도 불구하고 그 유명한 읽기 독립 안 되셨다.

나는 상관 없다고 생각하는 사람이다. 물론 솔직히 알아서 읽기를 바랐지만. 허허허허.

'아이의 스타일'과 '아이의 속도'가 제일 중요하다.

글씨 잘 모른다. 영어 책이고 한글 책이고 보면서 글씨를 따라 그린다.

처음에는 한 글자 따라 그리는 데 10분 정도 걸렸는데, 지금은 제법 빨라졌다.

나도 이제 배가 불렀는지(?) 동그라미 작대기밖에 못 그리던 '기저귀 궁둥이 시절'이 그립다.

애가 자고 나면 큰 것 같다. 기분이 이상하다.

영화만 보고 제 맘대로 그리는데 실력은 점점 향상된다.

이야…… 이제는 (원래 에미가 실력이란 게 없었지만) 엄마보다 잘 그린다, 너.

'내 새끼 천재병'이 도질라고 그런다.

아이들마다
쓰는 언어가 다르다

우리 아이는 몸을 먼저 쓴 아이였다. 말이 느리고 몸이 빨랐다.

대근육 사용이 남달랐다. 기어 올라가기 선수였다. 그녀의 빠름~ 빠름~ 때문에 눈을 뗄 수 없는 시간이 길었다.

가위로 자르기 등의 작은 근육 사용은 말만큼이나 느렸다.

아이들마다 쓰는 언어가 다르다. 자기 표현 방식이 다르다는 소리다.

지금도 몸 쓰는 걸 좋아한다.

철봉에 매달려서 원숭이처럼 팔로만 달려가는(?) '멍키바'를 좋아한다.

우리 꼬맹이 놈이 가장 좋아하는 언어는 '그림'이 아닐까 싶다.

아이가 책을 읽고 그림 그리는 것에 집중하면서 내 시간(물론 옆에 있어야 하지만)이 늘었다. 아이가 집중력이 생기면 엄마에겐 시간이 생긴다.

아이가 영화를 보면서도 꼭 그림을 그린다.

이집트의 왕자

「이집트의 왕자」를 볼 때— 물에서 모세를 건지기 전까지 아이는 화장실에 '쉬'하러 가지 못했다. 모세를 물에서 건지자마자 바지를 붙잡고 화장실에 다녀온 뒤 모세의 구사일생(?)을 그림으로 기념하셨다. 물에 떠가는 모세가 그림을 보니 원숭이(!)가 되었다. 모세, 미안.

모세를 보내는 엄마는 울고 있다. 에미 눈에는 에미만 보인다.

그리기도 하고 오려 붙이기도 한다.

이 작품(!)은 하도 공을 들여서, 애가 일어나면서 '아, 힘들었다아.' 했던 '세라 앤 덕'이다.

영어 DVD를 보면서도 그림을 그린다.

영어로 뭐라고 중얼중얼 거리면서. 대사를 따라 한다.

요즘 '영어 쉐도잉'이 유행인데. 애들은 안 시켜도 알아서 잘 따라 한다.

엄마가 따라다니면서 그놈의 공부를 하는지 안 하는지 '확인'만 안 하면.

나는 의도한 건 아니지만, 공부라는 단어 자체를 사용하지 않았다.

제목: 꿈 속에 만난 친구들

애가 심은 꽃씨에서 싹이 나고 꽃이 폈다. 그게 뿌듯하고 기분이 좋아서 남긴 작품.

제목: 해님아, 도와줘서 고마워

아이들의 표현은 늘 참신하다. 어른들이 구질구질하다.

모든 아이들은 사랑을 주면 고마워한다. 어른들은 당연한 감사조차 잃었다.

나는 아이들을 가르친다고 난리를 칠 게 아니라, 어른이 아이들에게 '도로' 배워야 한다고 생각한다.

아이가 어른의 스승이다. 그렇게 믿는다.

큰 그림 일기

아이가 아직 일기가 뭔지, 이야기가 뭔지 개념을 모르지만 그림으로 이야기를 한다.

그리는 걸 보면 신기하고, 얘기하는 걸 보면 방기하다.

아이는 잊어도 엄마는 잊지 못할 '큰 그림 일기'를 소개해 본다.

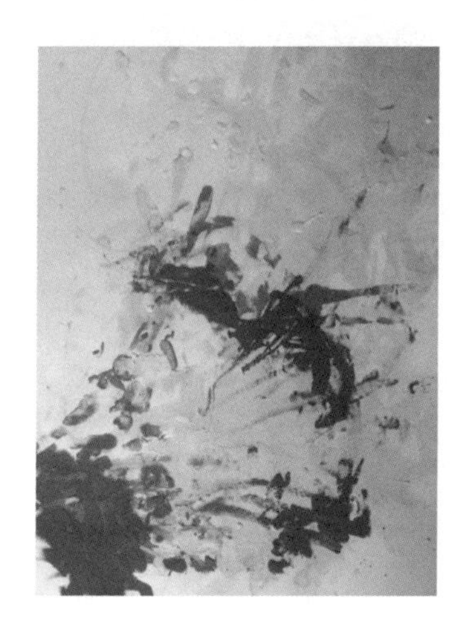

"해님이 일어났어요."

"꽃밭도 일어났어요."

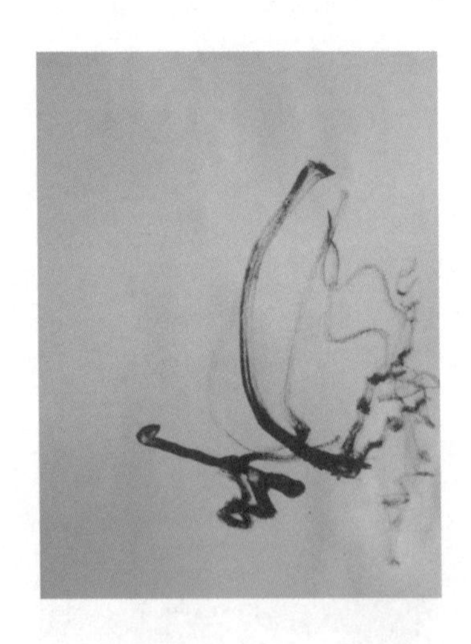

"나비도 팔랑팔랑 놀러 왔어요."

"어서 와, 나는 꿀이 많은 꽃이야."

"우와~ 신난다. 나는 푸우(꿀 좋아하는 곰 캐릭터) 나비야."

"꿀 먹고 나랑 놀래?"

"좋아. 우리 뭐 하고 놀까?"

"나한테 좋은 생각이 있어."

"우리 씨를 심자. 그러면 새싹이 날 거야. 해님이 도와줄 거야."

"나한테 리본이 있어. 그걸로 춤을 추자."

"나한테 연도 있어. 바람이 도와줄거야."

"실컷 놀고 코낸낸(낮잠) 하자. 그러면 우리는……"

"기차 타고 여행을 갈 수 있어(꿈 속에서)."

이 그림들을 연결시켜 가며 아이가 했던 그 이야기를 들은 그대로 써 보았다.

아이가 만든 생각길을 더듬고 있노라면 눈물이 난다. 그런 시간 위를 날아서 녀석은 소리도 없이 커 버린다. 붙잡을 수 없다. 아이는 기다려 주지 않고 훌쩍 커 있다.

아이가 자라면, 엄마에게는 이런 기억만 남는다.

참고로, 아이에게는 '소리지르는 엄마'가 더 잘 남는다.

비가 오나 눈이 오나 바람이 부나 내 새끼만 나간다

"엄뫄, 왜 사람이 업쪄?"

이놈아…… 다들 학교 가고 회사 가고 학원 가고 너랑 나만 놀이터야…….

그네를 타고 시소를 타고 미끄럼틀을 타고. 일단 우리 집 놈은 미끄럼틀 시작했다 하면 네버 엔딩 스토리. 혼자 타면 괜찮아, 계속 나 보고 같이 타자 그러네?

끼야아아아악~~!

언제 클래?(X) 언제 혼자 탈래?(O)

비가 오는 날, 애랑 같이 놀이터에서 굴러 봤나.

비 오는데 미끄럼틀 타면 비가 촤악~ 돌고래가 지나가는 것처럼 된다? 그 중

심에서 우리 애가 돌고래 소리를 내며 달린다.

아…… 늙은 에미는…… 마이 춥다…….

'비'까짓 게 와 봤자, 내가 안 나가나 봐라. 개의치 않는다, 우리 집 놈은. 제주도는 비 오면 추워요오.

그 뒤를 말없이 따라가야 하는데, 가끔 화가 난다.

아이가 열이 나면 엄마는 못 자는 거다. 아빠는 잘 잔다. 애~비 잘~도 잔다.

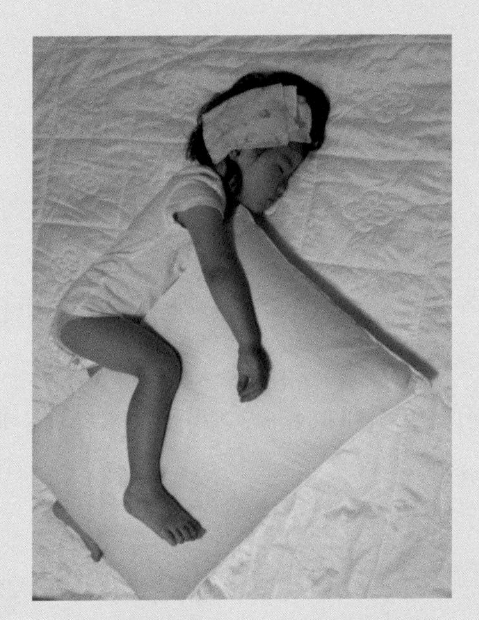

그놈의 최후, 열 나서 너도 나도 개.고.생.

예술은 좋지만
치우긴 싫은 에미들에게

물감 놀이는 참 귀찮다. 화장실이나 욕조에 얼룩지는 것에 개의치 않을 수 있다면 도전해 보시라.

장점: 아이가 물놀이도 하고, 그림도 그릴 수 있다. 수정이 용이. 다 씻기고 나오면 끝.

단점: 욕실이 개판이 된다. 아이가 자빠질 수 있기 때문에 옆에 꼭 붙어 있어야 된다.

붓 빨아 먹는 친구라면 추천하지 않습니다.

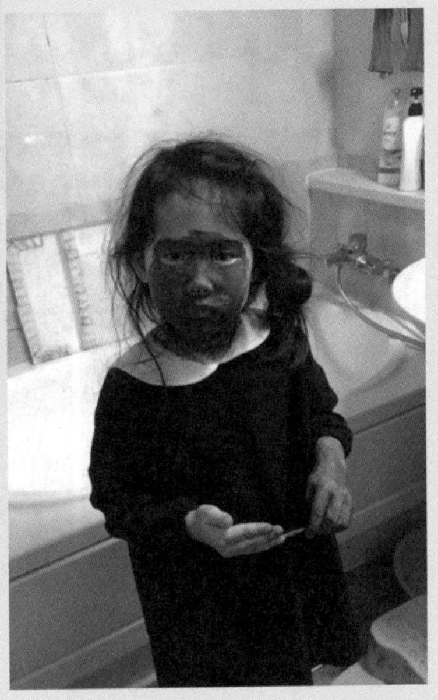

에미가 방심한 사이, 슈렉

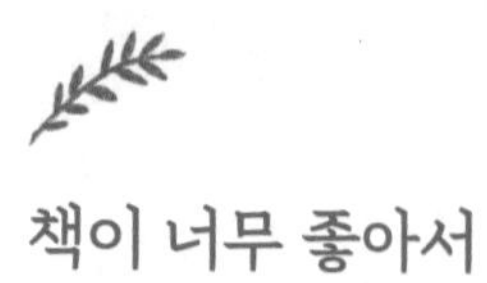

책이 너무 좋아서

마음에 드는 책이 있으면 눈에 뵈는 게 없다.

읽다 보면 바닥에 앉아 있는 건 기본. 서점이고 도서관이고 집이고……

잘 때는, 그날 제일 마음에 들었던 책을 안고 잔다.

아주 오래된 습관이다. 생활이다.

어느 날 보인다. 아이가 자유로운 생활 속에서, 책 속에서 잘 자라고 있다는 것이.

할아버지 밭에 가면

제주는 안 그래도 자연인데, 할아버지 밭에 가면 야생 서바이벌.

돌을 고르고 맨 땅을 갈고 씨를 심고 흙을 덮는다. 철이 되면 꽃도 많이 피어 볼 만하다.

저 멀리, 애비야— 비료를 잘 뿌리거라. 나는 땅을 일구마.

주의 사항, 애가 가시 있는 식물을 만지거나 연장을 집어서 피를 볼 수 있다. 우리 집 놈도 피 봤다.

그러나 에미, 애비, 핼미, 핼애비는 잡초를 뽑아야 한단다. 알아서 살아남으렴.

해 본 사람만 아는 진실. 농사는, 잡초와의 전쟁이다.

아버님, 살살 하세요.

어머님, 작약이랑 양귀비 꽃씨 좀 챙겨 주세요.

하부지…… 일당 주떼요……

잡초 제거는 제주도 사투리로 '검질 매기'다.

"검질 하영 매시냐?"(잡초 많이 제거했어?)

제주 귀농이 인기라는데, 그거 쉬운 일 아닙니다. 농사 짓는 분들에게 경의를 표한다.

고민하지 말고 지금 당장 해 보자

에미들아, 고민하는 시간에 그냥 해 보자. 지금 해 보자.

책을 이거 살까, 저거 살까 하는 시간에 애 다 큰다.

그냥 지금 봐서 마음에 드는 거 바로 사 줘라.

그리고 애가 잘 보든 말든 던져 놓으면 알아서 주워 본다.

책 좀 보라고 목 놓아 세뇌 교육 시키지 말고 애비, 에미가 봐라. 애가 옆에 앉는다.

인터넷이든 책이든 봐서 좋아 보이는 거, 그냥 해 보자.

일단, 돈이 많이 안 들어야 한다. 우리는 서민이다. 돈이 남아 돌면 열외.

어느 날, 아이 잠 잘 때 방 안에서 아이 화보를 찍는 엄마의 인터뷰를 보았다.

어머나, 이~뻐라. 어떻게 이런 생각을 했지? 화보는 남의 집 자식도 예

뽑디다. '여러분도 도전해 보세요'로 마무리되는 글을 보고 가슴이 술렁술렁. 우리 집 놈이 잠은 잘 자니까 안 깨고 찍을 수 있을 것 같았다.

문제는…… 에미가 '똥손'이다. 잠시 고민의 시간.

어쩌지?— 어쩌긴 뭘 어째. 그냥 해 보고 아님 말지.

애 깨면?— 내가 보지, 누가 봐 줘?

오케이, 콜!

나란 여자, 원래 뇌에 주름이란 게 없는 여자. 오래 고민한다는 개념이 없는 여자.

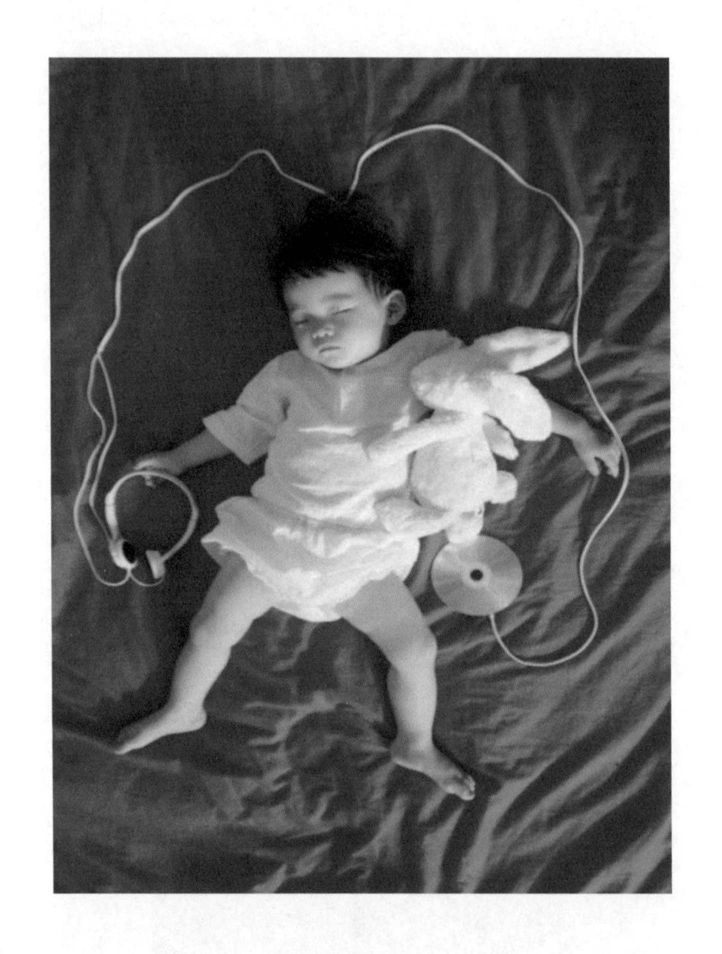

쓰읍, 뭐 하나 나올 것 같은데?

애 놈이 잘만 자는군. 더 해 봐?

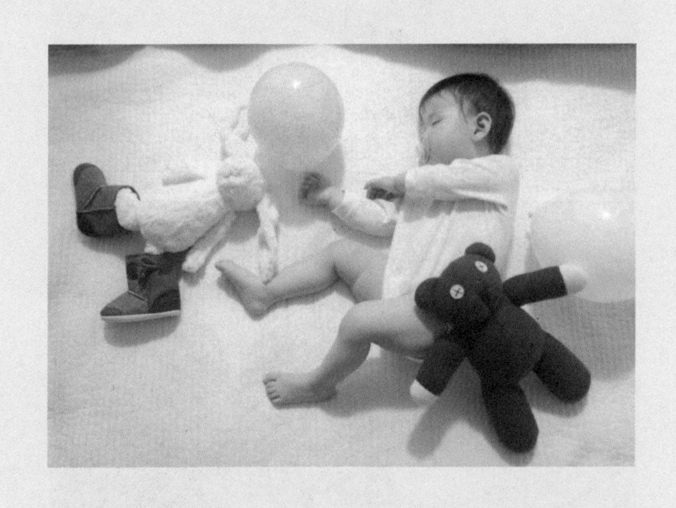

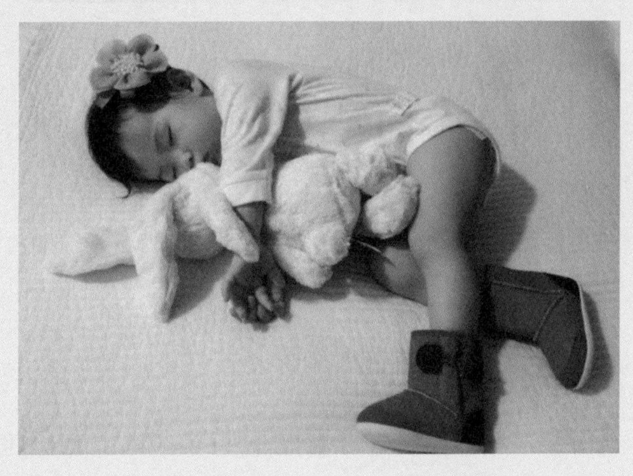

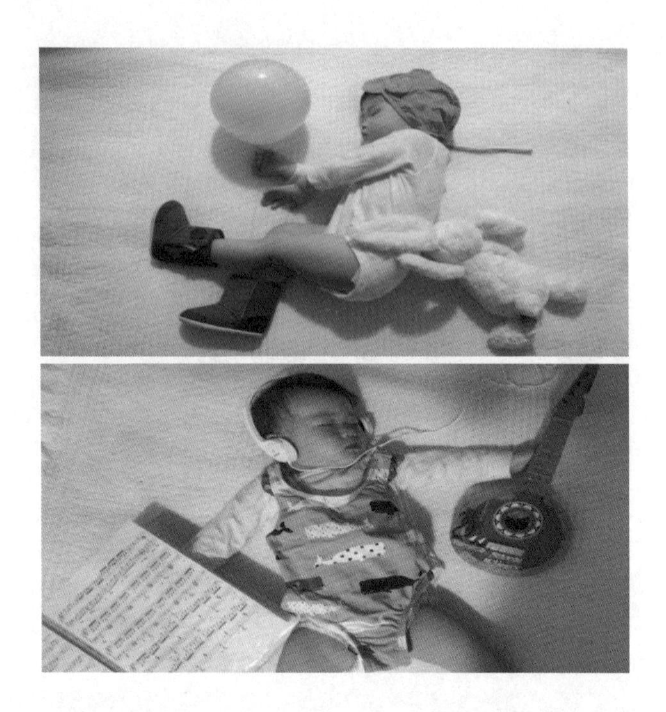

자는 애, 수영복을 어떻게 입혔냐고 물으시네. 입힌 게 아니라 애 위에 얹은 거에요.

아까 주방을 희생한 보람이 있군. 완전히 멀리(?) 가셨어. 주방 냄비랑 그릇을 다 얹고 놀았음.

이러다가 나도 애기 화보집 하나 낼 삘.

'자빽'은 에미의 힘.

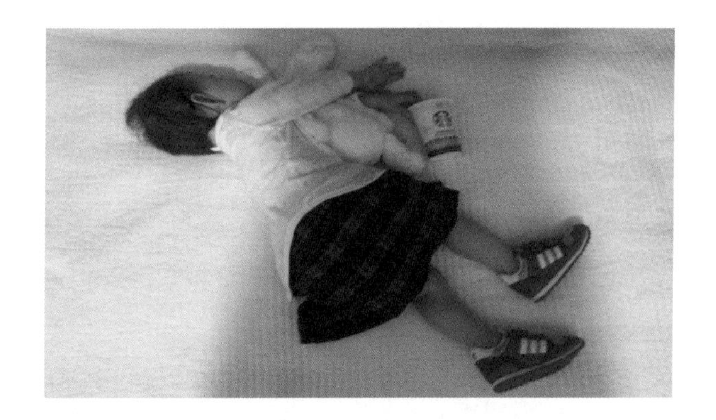

어쩌면 엄마한테 제일 재미있는 놀이 중 하나가 될 수 있는 애 갖고 놀기.

나는 애가 초딩이 된 지금 이 사진들을 볼 때마다, 겁 없이 해 보길 잘했다는 생각이 든다.

해마다 찍어 주려고 생각은 했는데— 까먹었다. 깔깔깔.

작심 하루. 다음에 생각나면 또 하지 뭐.

그렇게 미루다 몇 년 지나고 다시 해 보았다.

여러분도 꼭 도전해 보세요.

똥손 엄마도 화보 찍을 수 있는 세상

사실은 제가 돈 아까워서 개나 소나 다 하는 '사진관 계약'을 안 했답니다.

사람들이 사진을 보고 어느 사진관이냐고 자꾸 물으셔. '야매 에미 사진관'이라고 아시는지. 똥손도 가능해. 진짜! 참고로 저 포토샵 같은 거 할 줄 몰라요. 포토샵 잘 하는 분은 더 좋음. '이불'이 표가 확 나거든요. 호호호.

준비물: 잘 자는 내 새끼, 하얀 이불, 입히고 싶은 옷, 집에 있는 소품, 핸드폰 카메라 기능.

애비야,
애랑 싸우지 마라

애를 맡기고 나가면 한 시간만 지나도 불안하다.

원래 큰 애(그 '애' 아닌 거 알잖아. 선수끼리 긴 말 않기로 한다)한테 작은 애 맡기고 오면 외출 시간이 짧아진다. 상대성 이론 알지?

아이스크림 두 개 사면 되잖아. 왜 자꾸 하나 사서 나눠먹는다고(단 거 많이 먹으면 안 좋다고, 애를 위한다며 왜 싸우니!) 그걸 갖고 싸우고 난리니. 마누라가 두 개 사라고 했니, 안 했니. 그런 쓸데없는 거 가지고 싸우는 게 단 거 더 먹는 것보다 12배 나쁘다고 내가 말했니, 안 했니. 아예 사지마, 사지마아!

아빠야, 이 손 놔라.
나 지금 어금니 꽉 깨물었다.

둘 중에 한 놈이라도 빨리 컸으면 좋

겠는데, 같이 큰다.

아빠들이 애들이랑 안 싸우는 평화로운 세상이 빨리 왔으면 좋겠어요.

내 친구들은 뭐 먹고 살아?

동물을 보고 온 날, 아이는 항상 물었다.

"내 친구들은 뭐 먹고 살아?"

내 친구들=동물들

헤어지고 집에 갈 때면 얘들이 굶어 죽을까 봐 걱정이다. 가면 늘 먹이려고 든다.

너나 먹어…… 제발 너나 (처)머거어……

동물을 무서워하는 아이들도 동물 '먹이 주는' 체험은 좋아한다. 보통은.

장점: 동물 만나러 가는 건 좋다. 애들 정서나 추억 만들기에 참 좋다.

단점: 갈 때는 마음대로 갈 수 있지만 돌아올 때는, 각오하라. 드러눕는 놈 꼭 있다.

말아, 우리 애기를 네 등에 태워 줘서 고마워.

이거 원래 한 번밖에 못 탄다는 게 함정

아이와 함께 걷는 올레길

남편의 제안으로 몇 번 해 봤는데 괜찮았다.

제주도에 '마냥 걸음'으로 해탈이 가능(?)한 길이 있으니, 이름하여 올레.

바다 중심으로, 때로는 오름을 끼고 우리 세 가족은 틈을 내어 함께 걸었다.

셋 중에 누구도 '무리'라고 느끼면 안 되고, '아, 이제 배고프다' 하기 전에 멈추는 거리 정도—로 합의를 본 상태에서. 우리는 보통 40분에서 한 시간 정도 걸었다.

정말 추천한다. 돈이 안 든다. 가족간에 대화할 수 있는 시간도 번다.

똥손도 근사한 사진을 건질 수 있는 곳이 제주도 아니던가.

김밥을 사 들고 가도 좋고 빵이나 간단한 간식, 물을 지참하면 된다.

올레길은 정말 좋은 아이디어다.

자연을 망가뜨리지 않고 함께 숨쉬고 생각하게 만들었다.

사람이 지나가면 자꾸 다치는 게 자연임이 안타깝다.

애한테 카메라를 하나 주었다

꼬맹이가 자꾸 카메라가 필요하다고 한다.

"카메라가 뭔지 알아?"

"찰칵 찍어서 그림 그리는 거."

필요한 이유는 원래 가지가지다. 남편에게 놀고 있는 카메라 하나가 있었다.

"백남준, 앤디 워홀이 될지도 모르니까 그냥 줘."

뭐, 보면 알겠지만 비싼 거 아니다.

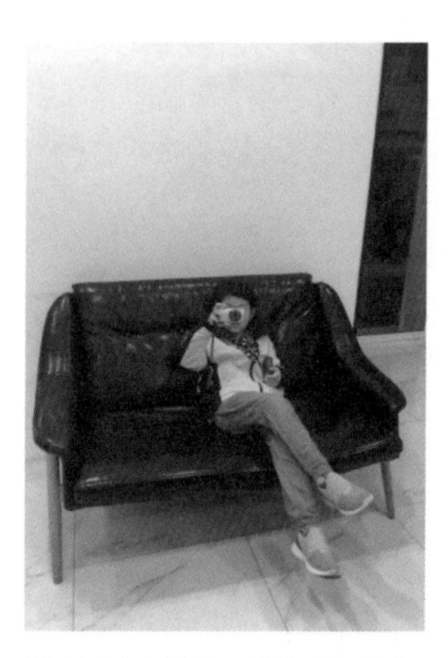

에미를 찍고 있다. 보지 않기로 한다.

나중에 확인해 보니 눈 뜨고 볼 수 없는 사진들 가득.

에미 발, 아빠 귀 같은 게 들어 있다. 혐오로 분류할 수 있는 놈들도 있다. 안 보는 게 정신 건강에 좋을 것 같아서 안

본 지 오래 됐다.

저 카메라 들고 설치면 그림이 하나씩 나온다. 애가 조합해서 뭘 그린다.

에미는 생각도 못하는 작품으로 재탄생 되어 있는 사진들을 보며 주길 잘했다는 생각이 든다.

며칠 애지중지 하고 아무데나 둔다. 그리고 필요할 때는 엄마한테 '카메라 어디 이떠?' 묻는다. 니가 찾아라, 쫌.

원래 나랑 다른 사람을 데리고 살게 되어 있다

나는 책을 좋아한다. 엄청 좋아한다. 남편은 안 좋아한다. 원래 나랑 다른 종류의 남자를 데리고 살게 되어 있다.

그러던(?) 어느 날.

아이의 책 육아 및 책에 대한 내 사랑을 못마땅해하던 남편이 자꾸 딴지(?)를 건다.

당시 이 그림이 내 노트북 배경 화면이었다.

독서광 마누라 가라사대, “여보, 봐라. 이게 바로 읽는 자와 안 읽는 자의 차이란다.”

남편이 대답하기를, “책의 사용법(?)을 제대로 알고 있군.” 하더라.

관점이란, 이렇게 다른 거다. 그래서 사진 하나를 더 보여 줬다.

『책 읽는 여자는 위험하다』, 웅진지식하우스

책과 나 사이에 남편이 들어올 빈자리는 없단다, 책에 대해 태클 걸지 마라.

돌아오는 대답은?

"봐라, 책 읽는 여자는 위험하대잖아. 그만 읽어, 그만."

더 말해 뭐하니.

계몽 안 된다. 사람 고쳐 쓰는 거 아니다. 원래 나랑 다른, 혹은 '내가 못하는 거 잘하는' 남자한테 끌려서 데리고 살게 된다. 딴 놈 데려와도 비슷한 거 데려오게 되어 있다.

내가 국어만 하는 사람이면, 남편은 수학만 하는 사람. 영원한 평행선. 그게 바로 인생.

그냥 애랑 내 책만 열심히 사 보기로 한다. 남편도 아울러 잘 키우면

대통령은 못 되어도 조력 잘 하는 동반자된다. 남편이랑 육아 방식 안 맞는다고 목청 높여 싸울 생각만 하지 말고, 방법을 찾자. 옆구리 살살 긁어줘 가면서.

요즘 우리 남편은 애랑 '쿵푸 파이팅' 놀이를 해 준다. 잘 됐다. 에미는 너무 피곤하니께.

남편을 몸 굴리기 담당으로 임명합니다.

애와 남편에게
화를 안 내는 비법

"어떻게 그렇게 화를 안 내요? 저는 입에서 자꾸 불이 나와요."

잘 참기도 하고 화를 안 내는 것도 틀린 말은 아닌데.

이게 하루 아침에 되는 건 아니라우.

오랜 시간 동안 도를 닦아야 해요. 조만간 사리 나와요.

화를 내는 것도 습관이고, 안 내는 것도 습관이다.

내가 자꾸 화를 내면 내 새끼도 화를 내는 아이로 자랄 것이다.

기다리며 대화로 키우면 엄마를 기다려 주는 멋진 아이로 자라겠지.

그렇다고 있는 화를 안 내자니 저축된 '열'이 화산 폭발 직전이다.

적금 만기는 좋지만, 열 뻗침은 만기 전에 자꾸 깨서 공중에 뿌려야 한다.

그래야 진짜 '화'를 면한다. 화산 폭발하면 다 죽는다.

어떻게 하면 화를 안 내고 지나가냐고 하시니, 우스운 비법을 공개한다.

일단, 나는 커피로 일과 시작이다. 안 마시면 사람 아니다.

남편과 아이가 일어나기 전에 기본 두 잔을 수혈 받는다.

하루 3잔까지만 마신다, 오후 6시 전까지. 이게 내 원칙이었었었었……는데.

이 원칙은 내가 사람이기를 포기하면 지킬 수 있다. 원칙을 지키느냐, 입에서 불을 뿜느냐. 그것이 문제로다.

일단 인간답게 살고 보기로 한다. 몇 잔 마셨는지 세지 않기로 한다.

한국에서는 고카페인 편의점 스라(스타벅스 라떼)가 나를 지켜 주었다. 캐나다에서는 아무리 마셔도 커피 마신 것 같지가 않다. 여기는 스라가 없다. 내 인내심의 한계를 이민 와서 테스트 받을 줄이야.

책을 사방에 뻗쳐 놓고 수시로 읽는다. 인격 수양적 측면이 있다, 독서란 놈은.

꼭 육아서 아니어도 좋다. 내 마음에 좋은 것이 많을수록, 화가 덜 난다.

글을 쓴다. 화가 차면 '배설'을 해 줘야 한다. 입으로 '파이아'를 하면 애 잡고, 남편하고 싸우지만 글로 쓰면 차분해진다. 물론 이건 사람마다 다르겠지만, 정말 효과 있다. 물론 글을 쓰라고 하면 오히려 화가 난다는 사람도 있다.

바른 예시

내 인생이 왜 이렇게 됐나, 애랑 남편한테 욕을 하고 싶다는 사람이 있었다. 그게 남편과 애 잘못은 아닙니다만.

그걸 뭐 하러 입으로 해. 내 입만 더러워져. 써 보라고 엄청 예쁜 노트와 겁나게 잘 써지는 펜을 선물로 주었다. 역시 ~~쌍욕에는~~ 어여쁜 학용품이 제격이지요. 호호호.

다 쓰고 나니 그 친구, 하하하— 웃음이 나더라는 간증이.

그리고 좋은 주먹 놔두고 나쁜 입으로 말하는 거 아니다. 나는 베개를 두들겨 팬 적도 있다. 짱구 친구네 엄마가 짱구가 놀러 오면 토끼 인형을 팬다.

그 심정 모를 에미는 없다. 애비는 모른다.

맛있는 거 먹으러 간다. 애 데꼬 가면 더 열 받는다. 난 다들 자는 새벽에 해장국 사 먹으러 나간 적도 있다. 술 먹고 해장하러 가는 사람보다 더 이상해 보이는 건 감수해야 한다. 술을 안 먹고 해장국만 먹었는데 해장이 되는 기현상을 체험하실 수 있습니다.

친정 엄마 찬스 써서 애 맡기고 혼자 노래방 간다. '혼자' 가야 된다. 열 받는데 마이크를 누구에게 준단 말이냐. 진정한 래퍼는 혼자 가는 거야. 베이붸. 그러면서 박효신 노래를 부른다. 야생화처럼 에미도 날아가~ 워어어어~

아이를 데리고 미술관이나 서점, 도서관에 간다.

제주도에서는 '꿈바당 도서관'을 제일 좋아한다. 아이랑 같이 가기 참 좋다.

티켓이 천 원인 '제주 도립 미술관'을 선호했다.

집 앞 5분 거리에(아이 걸음으로는 15분) 서점이 있었다.

서점에 이틀에 한번 꼴로 출근했다. 이래서 애 키우는 엄마한테는 집 위치가 중요하다.

참고로 나는 운전을 못 한다. 유모차는 누구보다 많이 끌었다.

애 키우는 친구들과 수다 떤다. 이마저 애들이 어리니 쉬운 일 아니다.

참고로 애 우는데 전화 붙들고 있는 건 반칙이다.

나 같은 경우, 상담이나 강의 중에 '화나는 이유'를 예시로 쓴다.

글을 쓰며 생각하고 공부하는 경향이 있는 나는, 함께 토의하거나 설명하면서 또 공부한다. 내 상황을 객관적으로 보려고 노력하는 시간은 누구에게나 꼭, 필요하다.

잠을 못 자고 밥을 못 먹으면? 당연히 화 난다. 잘 먹고 잘 자면 육아가 훨씬 쉽다. 그래서 독박은 안 되는 거다. 독박 육아라는 단어 자체가 폭력이다. 국가적 차원으로 해결해야 한다.

하아(이거슨 깊은 한숨), 어쩔 수 없이 독박 육아하는 에미라면?

소소한 즐거움을 느끼는 게 필수다.

동요만 틀지 말고 내가 좋아하는 노래 좀 들어도 된다.

수유할 때 커피 마셔도 애 안 죽는다.

마시던 사람은 안 마시면 사람이 아니다. 짐승이 되어 울부짖게 되어 있다. 애 키우는 게 보통 일이야? 애 보면서 술 먹는다는 것도 아니잖아.

안 쓰는 로션, 샴푸 한 통 다 짜라고 내어 드려…… 시간은 그렇게 버는 거다?

명품 가방 긁는다고 내 자존감이 올라가는 게 아니다.

책 읽고 공부했다. 하루 10분이라도.

솔직히 말하면, 비법? 별로 중요하지 않다. 세상 널린 게 비법이다.

"믿음, 소망, 사랑 가운데…… 실천이 제일이다."

또 좋은 방법이 있다면 공유해 주시길 바랍니다.

육아서,
엄마표 영어 책 추천

자꾸 육아서 골라 달라는 연락이 오네? 골라 주면 읽기는 할거야?

도서관에서 빌려 봐도 좋지만, 절판 아니라면 책은 꼭 사서 보길.

밑줄 긋고 메모도 하고 하면서 엄마 아빠가 먼저 '제대로' 공부해야 하니까.

그리고 애가 우유 쏟고 코 묻히고 그러면 또 성질 낼 거잖아. 그냥 사서 봐.

내가 직접 읽고 뼈에 새긴 책만 추천해 보려 한다.

육아서는 읽고 실천하려고 읽는 거에요. 왜 자꾸 묻기만 하나요.

다양한 책을 못 읽으실 분이라면 이 책만 주구장창 읽고, 바로 '실행'하면 된다. 그런데 원래 책이란 게, 자기한테 맞는 게 따로 있어요. 추천이 별 도움 안 될 수도.

1.

내가 아이 키우면서 큰 뼈대를 잡게 해 준 것은 푸름이 육아.

빨리 읽은 나는 운이 좋아.

푸름이 아빠의 책은 아이 공부 및 '마음 다스리기'용, 푸름이 엄마 책은 내 마음 '위로'용.

일단 이렇게 두 권: 『푸름이 이렇게 영재로 키웠다』, 『푸름이 엄마의 육아 메세지』

도서관에서 우연히 읽고, 사서 읽고, 선물하고. 정말 그런 책.

'당신이 상담하는 사람이라서 애랑 대화를 잘 할 수 있지 않았냐'는 분들도 많다.

틀린 말은 아닌데, 일단 좀, 읽어 봐요.

푸름이 육아법에 대해서 '안티'인 사람과 우연히 만난 적이 있다.

'정신 음소거 기능'을 장착하고 한참 '들어 드려야' 했다.

자신의 논리를 신나게 펼치신 이후에 멀리 있는 우리 아이를 보며 말했다.

"아이를 어떻게 저렇게 말 자알~ 듣게 키우셨어요?"

"음…… 푸름이 육아법으로요."

2.

엄마표 영어도 많이 물으시는데, 저에게는 읽는 족족 지워지는 특별한 뇌가 있답니다.

책마다 나에게 필요한 것만 쏙쏙 뽑아서 적용하는 게 스타일이라서요. 나와 아이한테 잘 맞는 게 제일 중요하다.

여기서는 한 권: 『지랄발랄 하은맘의 불량 육아』

내가 이 책에서 선택한 방법은 24시간 흘려 듣기와 영어 책 읽어 주기. 끝.

이 책에는 아이들이 좋아하는 영어 책과 DVD 제목이 있어서 좋았다. 거기서 내가 대충 골라 사서 아이랑 같이 보고 읽고 놀면 된다.

되냐고? 진짜 된다. 아이 19개월쯤부터 시작했고, 영어로 말하기 시작한 건 4살 후반이다. '기다릴 수 있다면' 시도해 보시길. 애 잡으면 안 된다. 애 잡을 거면 그냥 하지마.

아이가 중국어 책을 가지고 오면 중국어로도 읽어 준다.

중국어는 시끄러우니까 틀지는 말아 달라고 남편이 사정했다. 일단 중국어 '병음'이 달려 있는, 아이들 중국어 동화가 늘어났으면. 중국어 '교육용' 말고, '좋은 동화'에 중국어 병음 첨가. 영어만큼 다양했으면 좋겠어요. 병음 읽을 줄 아는 제 개인적인 소원입니다만. 한자만 있으면 못 읽어요. 누가 좀 해 주고(?) 돈 버세요. 제가 살게요.

요즘 엄마표 영어니, 뭐니 유행을 하니까 다들 시키고는 싶어한다.

'시키는 게' 아니라 엄마가 미리 공부하며 애 읽어 주는 영어가 '엄마표'랍니다. 공부 안 해도 읽어 줄 수 있다는 엄마들은 하버드를 나왔는가. 나도 대학 나왔는데 못 읽겠더라. 단어 찾아가면서 읽어 줬고, 지금도 그 수준 어디 안 갔다. 엄마표 영어 책들 보면 '그냥 하면 된다'고들 하던데, 해 보니까 안 그랬다는 것이 진실. 공부 안 해도 애들 영어 책 읽어 줄 수 있다는 그 엄마들, 영어 '읽을 수는' 있는 님들이었어. 엄마가 '아예 못 읽으면' 도루묵. 지금도 애 책 중에서 못 읽고 어버버버 하는 책들 있다. 애 잘 때, 내가 못 읽는 단어 찾아야 된다. 공짜가 어딨어. 요즘은 뜻도 물어보는데.

결론, 돈을 아끼면 몸을 써야 하는 것이 '엄마표'의 진실. 내 몸이 제일 싸지, 뭐. 같이 공부한다고 생각하고 시작하면 못할 일은 아니랍니다.

공부하는 인내심도 결국은 나와 아이, 모두에 대한 사랑과 배려에서 나온다고 믿는다.

3.

육아서 아닌데 꼭 '읽어보십사' 하는 책: 알랭 드 보통의 『불안』

이 책을 권하면 사람들이 갸우뚱 하는 표정이다. 막상 읽어 보면 당신이 '왜 불안한지' 눈에 보이게 정리되어 있음에 놀랄 것이다.

불안을 알고 나면 불안하지 않다.

부모가 불안하면? 아이도 당연히 불안하다.

딱 4권 골라 드렸다. 꼭 사서 밑줄 열심히 그으시도록.

'불안'이라는 단어가 나와서 말입니다.

참고로 우리 부부는 아이 앞에서 싸우지 않는다.

아이를 불안하게 하면 곤란하다. 불안하게 자라기 때문이다.

우리는 언성이 높아질 것 같으면—

아이가 재미있는 걸 하게 도와준 후에 안방으로 간다. 그 후에 싸우든 이단 옆차기를 날리든 하자고 진작에 합의를 보았다.

그리고 우리는 그 방에서 부딪히는 의견에 대해 '합의'(누군가의 일방적인 승리가 아니다)를 봐야 나올 수 있다. 아니면? 못 나온다. 깔깔깔.

우리 남편은 '들어가서 얘기하자'고 하는 말을 제일 싫어한다.

나의 이 아이디어에 손을 들어 준 남편에게 감사한다. 이 솔루션을 줘도 '우리 남편은 절대 그렇게 하지 않는다'는 엄마들이 많았다. 안타깝다. 두 사람이 함께 끌어내는 결론이 아니면 오래 가지 못한다. 육아는 더더욱 그렇다. 함께 해야 한다.

부모가 자꾸 잔소리 하는 집 아이는 불안하다.

이건 굉장히 주관적인 스타일입니다만, 나는 아이에게 '엄마 말 잘 들으라'는 소리를 하지 않는다. 엄마 말이 틀렸다고 생각하거나 네가 다른 생각을 가지고 있으면 언제든지, 얼마든지 얘기하라고 한다.

"그러면 애가 대들지 않아요?"

나는 한번도 우리 아이가 '대드는' 걸 본 적이 없다.

물론 '의견'이 '다른' 경우는 있다. 아이들의 의견을 잘 들어 주고, 존중하는 어른이 되고 싶다.

말하는 대로 다 해 주는 게 존중이 아니라는 걸, 이해하는 분이 이 글을 읽길 바라며.

아이는
무조건 정답이다

왜 사람들은 '다름'을 '이상하다'고 보는 걸까. 어른들의 기준으로 아이들을 재단하려고 할 때가 대부분. 어른과 아이는 달라요.

무한한 인내와 사랑으로 아이의 모든 것을 온 몸으로 받아 준다는 나도(누가 그래) 아이가 힘들 때가 있었다. 당연히 있다. 그럴 때는 주문을 외웠다.

"아이는 무조건 정답이다. 아이의 눈높이는 따로 있다."

다행스럽게도 주문은 늘 효과가 있었다.

아이 눈높이에서 생각하려고 노력하다 보면 거의 작두도 탈 수 있다.

"아우, 언니~ 내가 지금 나가야 되는데 애 공갈 젖꼭지가 안 보여서 못 나가고 있어. 얘는 나갈 때 이거 없으면 안 되거든."

"내가 봐 줄게. 그냥 와."

"아유 그래도 이건 들고 가야 돼. 방금까지 물고 있었는데 어딜 갔어?"

"너 지금 어디 있는데?"

"현관이지. 애도 여기 있고."

"현관에 있는 신발 안에 봐봐."

"무슨 신발에 그게…… (5초 정적) 이 언니…… 대에박!"

마음을 다해서 아이 눈높이에서 보려고 노력했다.

시장에 가면 우는 애들이 의외로 많다.

아이 키에 맞춰 걸어 보면 아이가 보는 세상과 내가 보는 세상이 다르다.

키 작은 애기들은 시장 가서 어른들 다리만 실컷 보다 짜증나서 울며 나온다.

아이가 기어 다닐 때는 같이 기어 다니기도 했다.

애는 젊어서(?) 괜찮은데 늙은 에미는 무릎이 나갈 수 있다는 것도 그때 알았다.

아이가 자라는 만큼 나도 같이 자란다고, 그렇게 믿고 싶다.

애가 늦게 자면
키가 안 커서요

애랑 밤새 책을 읽은 적도 많았다. 그렇지만 다른 사람들에게 그런 얘기는 하지 않았다.

이상하게 보니까. 밤에는 일찍 자고 일찍 일어나는 게 정석이니까.

그렇게 읽었어도 아직 애가 한글 모른다. 그게 더 신기하지요. 그럼에도 불구하고 아이는 책을 좋아한다.

초등학교 들어간 요즘 글씨에 부쩍 관심이 생겨 하나씩 묻는다. 이제 때가 왔나 보다.

영어를 먼저 읽고, 한글이 좀 늦는 것 같다.

나는 한글의 우수성을 믿고, 아이를 믿는다. 괜찮다.

"애가 빨리 안 자서 걱정이에요. 안 자면 키가 안 크잖아요. 재우려고 기를 쓰는데 애가 기를 쓰고 안 자요."

그렇게 밤을 새고 책을 보고 만들기 하고 놀았어도 애는 잘만 컸다.

2.4kg에 태어났다고 하면 다들 깜짝 놀란다. 캐나다에 왔어도 여기 애들보다 크다. 스트레스 안 받으면 알아서 잘만 큰다. 그리고 키는 내가 키우려고 한다고 되는 것도 아닌 것 같더라.

참고로 우리 집 꼬맹이, 편식도 심한 편이다. 초록색이 '점'만큼이라도 보이면 안 먹고 보는 놈이 우리 집 딸 놈.

안 먹는 거 가지고 다투지 않는다. 건강한 거 요령껏 먹인다. 육수에다 녹겠거니 하고 온갖 고기와 야채를 물에 팔팔 끓여 우린다.

나는 애한테 이유 없이 화내는 게 제일 나쁘다고 생각하는 사람이다. 나 짜증나고 힘들다고 애 잡는 거. 애는 그런 엄마를 당췌, 이해를, 할 수가, 엄서용.

그리고 남한테 이유 없이 화내는 거. 요즘 보면 한국 사회는 대부분의 사람이 화낼 준비를 마친 사람들처럼 보인다. 내 화를 왜 남에게 푸나요. 결혼하면서 스스로 세운 철칙이 '애와 남편에게 화내지 않는다'였다.

남편에게 화가 나면 편지를 쓴다. 그 편지를 줄 때도 있고 안 줄 때도 있다. '쓰기'만 해도 많은 화가 해소된다. 뭐 나도 제대로 열 받으면 너 살고 나 살자는 정신으로 그 편지를 남편 컴퓨터에 딱 붙여 놓는다.

다시 본론으로.

애가 너무 안 잔다고 다들 난리다. 일부러 울려 재우는 집도 있다. 어허. 울려 재워야 안 깨고 잘 잔다나? 빨리 안 자도 상관 없다. 진짜다. 엄마 마음 알고 더 안 잔다.

애가 집에 있었고, 에미가 프리랜서로 일하는 고로— '시간 조정의 자유'가 조금 있었기 때문에 늦게 자는 것에 대해 비교적 관대할 수 있었다. 회사는 안 다니지만 일은 하니 워킹+전업맘. 허허허. 워킹맘도, 전업맘도, 워킹 전업맘도 다 힘들어요. 정답게 잘 키워 볼까요. 일이 많아지고 가족들의 요구도 무시할 수 없었기 때문에 4살 때 1년 어린이집 보냈다. 유치원은 한 달 가 봤다가 자퇴.

일찍 재우는 방법이 딱히 있는 것은 아니지만, 제 비법(?)을 알려 드리자면.

애를 물에 담가요. 욕조나 세숫대야 있잖아요.

애들이 물놀이를 좋아하니까. 물에서 놀면 금방 지친다.

욕조에 들어가서 물감 풀고 놀면 1석 2조.

낮잠 전에 물에서 놀리다가 맘마 먹고 딱 재우면 낮잠도 얼마나 잘 자게요.

우리 애는 몸 쓰는 걸 그렇게 좋아합디다. 껄껄껄.

내가 웃는 게 웃는 게 아니야. 내가 걷는 게 걷는 게 아니야. 애가 바퀴 달린 물건에 탑승하면 엄마는 뱃살 안고 뛰어야 하는 거 알지?

이 '씽씽이'는 3번을 바꿨다(모두 과로해서 축 사망하심)는 전설이.

지금도 산책 갈 때는 어김없이 끌고 나간다. 책은 덤이다.

도서관 다녀오는 길

훈육에 대하여

'쓰읍~' 하면서 애를 '대차게' 혼내 본 적이 거의 없다. 내 기억에만 없나?

부모님들이 다들 훈육이 어려운가 보다. 자꾸 묻는 거 보니.

사실 나는 훈육에 대해— 다른 사람들과 대화하면서 좀 힘들었던 사람이다.

일단 내 상황(!)에 대해 얘길 하면 사람들이 공감을 못 한다. 애가 소리를 안 지른다고요? 엄마가 애랑 '싸운' 적이 없다고요? 일단 여기서 막혀 버리니까. 나는 엄마들이랑 대화하면 보통 '듣고' 앉아 있다.

상담 받으러 온 분들이 붙여 준 별명: 감정 보관소, 감정의 쓰레기통, 감정의 하수구.

도대체 그놈의 훈육이 뭔가.

훈육이라고 하면 뭔가 인상 쓰면서 애랑 대치하는 장면을 연상하게 된다.

'품성이나 도덕 등을 가르쳐서 (아이를) 기르는 것'을 의미한다.

두들겨 패거나 애를 '혼내는' 의미가 아니다.

솔직히 말하면, 어릴 때부터 아이를 대화로 키우면 사람들이 생각하는 그런 훈육이 필요 없다. 아, '키운다'는 표현도 좀 부실하구나. 같이 살면? 같이 자라면?

애가 알아서 말 잘 듣는다. 말대로 '한다'는 소리가 아니다. 엄마가 하는 말을 '귀 기울여서 듣는다'는 소리다. 서로 큰 소리를 낼 필요가 없다.

보이지 않는 품성을 어떻게 가르치는가?

부모가 보여 주는 것을 '보고' 보이지 않는 품성이 길러지는 게 무섭지 않은가?

부모는 어쩌면 아이에겐 걸어 다니는 '도덕 교과서'일지도 모른다. 가르치는 것은 책과 대화를 기본으로.

부모와 아이가 사이 좋으면? 끝이다.

뭐든지 '진리'는 심플하다. 행동하기가 어려울 뿐이다. 이미 굽어진 나무를 펴는 게 어렵다. 무리하면 부러진다. 사춘기가 되면 아이들이 마구 부러진 채로 부모 손을 잡고 나에게 왔다. 아이랑 대화가 안 되니 상담사를 통해 대화하려는 것이다. 가슴이 아팠다.

어쩌면 아이가 어릴 때 하는 대로 도와주고, 대화하는 연습을 함께 해 가는 것이 '가장 빠른 길'일지도 모른다. 지금은 남들보다 많이 더디게 보일지라도.

아이의 첫 단추는 부모라고 생각한다.

사실, 나는 빠르고 느리고도 신경 쓰지 않는다. 아이 얼굴이 행복하면 그로 족하다.

1인 1 아이패드, 그리고 핸드폰

제주에서도, 캐나다에서도 항상 느끼는 것.

전세계 공용인가?

아이들이, 너무 많은 아이들이 1인 1 핸드폰 혹은 1인 1 아이패드 사용 중인 것.

이 문제에 대해서 한국에 있는 친구와 심도 있게(?) 대화를 하던 중에 나온 이야기. 한국은 조만간 초등학교에서도 그 무시무시한 '패드'를 통해서 수업 진행이 될 거라는. 정말 싫다. 그 아이들에게 인터넷 연결되는 컴퓨터를 수업 시간에 꼭 만지게 해야 하나요? 그냥 친구들하고 노래도 부르고 쎄쎄쎄 하면서 놀면 안 될까요?

앞 집, 옆 집, 건너 집— 놀러 가 보면 죄다 아이들 기계 하나씩을 끼고 앉아 있다. 본인 전용 아이패드, 혹은 핸드폰. 물론 우리 아이도 다른 아이가 보고 있으면 가서 기웃기웃거리다가 같이 착지(!)하지. 우리 딸은 세뇌(?) 교육이 좀 되어 있는 상태인데도.

“저런 거 많이 보면 어떻게 되는 거야?”

“눈 아파, 머리 아파. 그리고 똑똑한 생각이가 잘 안 나와.”

앞집 친구네 집에서는 아이패드 줬다가 뺏으면 2시간 내리 운단다.

너희는 어떻게 하냐고. 느그 집에서 애 우는 소리를 들은 적이 없다며.

우리는 아예 그 물건이 없단다, 앞으로도 살 생각이 없다고 했더니 ‘꺄악’ 하는 눈빛.

제시야. 나, 진심이야.

우리 집에는 몸 쓰고 놀기도 좋아하지만, 그림 그리는 걸 너무나 사랑하는 꼬맹이 하나가 살고 있다. 자기 전에 전집을 뽑아 드는 무서운 아이

가 아이패드 없이도 즐겁고 건강하게 자라고 있다.

어떤 어르신이 우리 집에 차를 마시러 방문했다. 그분 올 때부터 나가기 전까지 애가 그림을 그리는 것을 보더니 힘들게 입을 여셨다.

'느그 집 애, 문제(!) 있는 거 아니냐'고.

제주도에서 힘들었던 것 하나.

어린이집(초등학교도 아니고 무려 '어린이집') 안 보내면 에미나 애 둘 중에 하나 이상한 놈이구나 취급 받았던 것. 애도 에미도 문제 없답니다.

부모와 아이의 선택을 존중해 주시길 바랍니다.

나는 이상하다는 취급을 많이 받은 에미다. 그렇지만 내 이상함이 '맞을지도 모른다'고 착각하며 여기까지 왔다. 그냥 창의성 넘치는 엄마로 봐 주시면 안 될까요?

기본을 지켜 봅시다

약속 시간 잘 지키는 것, 자꾸 약속 시간을 바꾸는 것도 약속 취소와 맞먹는다.

(가장 중요한 건데 사람들이 이걸 못해서 신뢰를 깎아 먹는다)

매너, 에티켓을 알고 몸에 익히는 것.

(가족 생활 및 직장 생활, 친구와의 관계 등에서 필요한 것들)

예쁜 말하기, 직접 화법과 간접 화법을 어디에 어떻게 써야 하는지 공부할 것.

(이건 굉장히 어렵다, 그렇지만 알게 된다면 삶의 질이 달라진다)

일어나면 먼저 씻고 오늘 할 일을 체크하는 것.

(나갈 때 씻는 거 말고)

나가기 전에 거울을 보는 것.

(머리가 뜨거나 고춧가루 껴서 나가면 곤란하니까)

가는 장소에 맞게 옷을 입었는지,

(장례식에 빨간 드레스는 당황스러우니까)

상황과 사람에 맞게 말과 행동을 하는지 나를 점검해야 한다.

나의 계획을 알고, 기록하고, 중요한 순서대로 해 나간다.

나에게 '최고의 모습'을 기대하는 사람을 만나려고 노력해라. '왜 그렇게 노력해? 왜 변하려고 난리야? 살던 대로 살아~' 이렇게 말하는 사람을 멀리해라.

내 모습이 자연적으로 나아질 것이다.

'일의 좋은 결과'를 만들어 내려고 노력하기 이전에 먼저 '좋은 사람'이 되려고 노력하자.

내 가족과 친구, 함께 일하는 사람들에게— 먼저.

좋은 사람이 되면 좋은 일이 따라온다. 더딜지라도 반드시 온다.

이 페이지만 알고 실천해도, 인생 절반 이상은 성공이다.

아빠 엄마가 이렇게 살 수 있다면 자녀 교육도 절반 이상 성공이다.

아이는 이미 당신이 하는 말과 행동을 보며 따라 하기 위해 연구하는 중이시다.

걱정스레 덧붙이는 말:

학생들을 참 사랑한다. 우리 아이도 이제 (놀고 먹는) 학생이 되었다.

학생들을 위한 특강이 있으면 달려간다. 아이들은 나라의 미래니까. 아이들을 만나 보면 자꾸 '대단'한 걸 묻는다. 나는 '기본'밖에 알려 줄 수가 없다.

그 천재들(모든 아이는 천재다)이 왜 '기본'을 지키지 않고 '개인기'만 따로 구비하려고 노력하는지에 대해, 늘 안타깝다. 그 말을 꼭 하고 싶었다. 진리는 심플하단다, 얘들아. 기본을 지키렴.

나와 아이가 가장 좋아하는 공부 방법

스스로에게 질문하는 것이 버릇이다. 원래 질문은 다른 사람한테 하는 거 아니에요?

다른 사람들에게 질문을 하면, 별로 안 좋아하더라고.

질문하고 대답하는 것이 익숙하지 않은 게 한국 사람이다. 우리 나라 교육은 정말 '개혁'이 필요하다. 어린아이들처럼, 질문하고 대답하는 것이 세 살부터 여든까지 가야 한다.

그래야 교육이고, 그래야 배우며, 그래야 발전한다.

고인 물은 썩고 있다. 수능과 함께, 이미.

강의나 상담 중에는 그나마 질문할 수 있다. 내가 마이크 잡았잖아.

고정으로 강의를 4년 가까이 한 곳이 있다. 가면 항상 편을 나눠서 그날의 주제로 질문을 하고 답하게 만든다. 스스로 질문지를 작성해서 내라고 한다. 그날 강의에서 뭘 얻어가고 싶은지. 그 내용을 중심으로 강의를 진행한다. 말이 강의이지, 난장판(!) 토론장이 된다.

처음에는 사람들이 강의를 '구경'하러 왔다가 어리둥절했는데, 시간이 갈수록 본인들이 강사가 되었다. 그 하고 싶은 말을 못하고 답답해서 어떻게 살았어?

"강사님은 오시면 우리 싸움(토론) 붙이고 돈 벌어 가시네요."

우리 남편이 저보고 타고났대요. 사람 말 시키는 거. 조만간 프로파일러 등극할 기세.

내가 생각하는 좋은 상담사는 상담을 하고 길을 '알려 주는' 사람이 아니다. 마냥 잘 듣기만 하는 사람도 아니다. 상대방의 이야기를 잘 듣고, 좋은 질문을 해서 본인이 길을 찾을 수 있도록 돕는 사람이다.

나는 아이가 질문을 하면 항상 이렇게 말한다.

"이야, 그거 참 좋은 질문이네."

그러면 애가 몸을 배배 꼬면서 겁나게 좋아한다.

제발 애들이 질문할 때 이상한 소리 하지 말라고만 말아주세요. 대답 못해도 좋으니까, '좋은 질문'이라고 칭찬해 주세요.

"엄뫄, 궁금한 게 있는데에~"

우리 집 꼬맹이, 하루 종일 질문한다. 바쁜 에미는 솔직히 피곤할 때도 많다.

하지만 보통은 최선을 다해 대답해 준다. 아이는 정답(어른들이 생각하는 스타일의 답)을 원하는 것이 아니기 때문에. '정답'이 중요하지 않다는 거. 구름이 왜 생기냐고 물으면 꼭 비 얘기 안 해도 된다는 거.

질문을 하다 보면 점점 더 좋은 질문을 하게 된다. 당연하다. 열심히 대답을 하다 보면, 점점 더 좋은 대답을 할 수 있다.

더러 인터넷을 찾기도 하지만 사전도 찾는다. 함께 책을 찾는다. 그 내용을 가지고 그림도 그리고 글도 쓴다. 의논하고 고민하며 또 질문하고 대답한다.

소크라테스가 별건가, 제자들하고 내내 한 게 그거다. 우리는 그렇게 놀면서 공부한다.

공부는 책상 머리에 앉아서 '열심히'만 외우는 게 아니다. 검색해서 나오는 지식은 이미 죽은 지식이다. 그런 건 앞으로 컴퓨터와 지식인이 다 알아서 외워 주고 알려 준다. 쏟아지는 수많은 정보 중에서, 찾고 배우고 고민해야 한다. 느껴야 한다. 그리고 모아진 내용들을 '나답게' 편집할 수 있어야 근사한 작품이 나온다.

다른 사람의 인스타그램 들여다보는 시간에, 내 인스타에 사진 올리기 전에— 내가 바라는, 진짜 나의 모습이 뭔지를 고민해 봐야 하지 않겠니.

나 자신이 멋있어야 한다, 스스로 보기에.

해마다 원하고 바라는 목표를 쓰지만 거기에 빠지지 않는 것이 '내가 바라는 나'이다.

내가 어떤 사람이 되길 바라는지. 이게 없으면 껍데기밖에 없는 거다. 남이 봐 달라고, '좋아요' 눌러 달라고 애걸복걸하는 건 '내 인생' 아니지.

추리닝을 입어도 늘 어깨를 펴고 걷는다. 홍겨운 걸음의 내가 좋다.

자기애(愛)가 강한 건 좋지만, 남 보기에 불편한 수준은 곤란합니다. 호호호.

어디까지 갔니. 돌아올 수 있는 거니?

마무리해 보자.

아이가 어떤 질문에 대해 답을 할 때는?

"그것 참 근사한 대답이다아~!"

끝에서 솔# 정도로 목소리 음을 올려주며 엄지 손가락을 척 해 주면 완벽한 마무리.

멋진 질문과 근사한 대답이 오고 갈 때 우리의 미래는 밝다.

더 이상 인공 지능이 무섭지 않다.

SNS 중독을 당장 끊을 수 있는 매우 효과적인 방법

요즘 엄마들 이놈의 SNS 때문에 시간을 물 쓰듯이 쓴다. 손목과 손가락이 아작이 난다.

몸조리 할 때부터 애 학교 들어갈 때까지 핸드폰과 물아일체.

내가 만약 돈 버는 것만 생각한다면, 누가 나한테 의사 시켜 준다고 하면? 안과랑 정형외과로 간다. 다들 핸드폰 때문에 눈 나가고, 손이랑 어깨+거북이 목 될 거니까. 머리가 나빠 의사 근처에도 갈 수 없습니다만.

극약 처방을 해 줄 테니, 실행해 보도록.

일단 나를 '좀비'처럼 물고 들어지는 모든 어플을 핸드폰에서 지운다. 정 안 되겠으면 딱 하나만 남겨 둔다.

거기에 나도 보고 남들 보도록 쓴다.

'보다 나은 제 삶을 위해서 앞으로 SNS 하지 않습니다. 양해 바랍니다.'

그래도 다시 해당 어플 깔까 봐 두려우면 한 줄 더 달아라.

'제가 SNS를 다시 하다가 걸리면 고발자 분께 백만 원씩 지급합니다.'

이대로 실천한다. 끝.

돈 없으면 안 쓰게 되고, 어플 없으면 안 보게 된다.

돈이 없는데 자꾸 카드 굴리고 못 자르는 사람,

도박하고 손모가지 못 자르는 사람,

이걸 읽고도 어플 못 지우는 사람,

한글을 알고, 답을 옆에서 알려 줘도 안 되면,

이번 생은 글렀다.

그런데 하나만 묻자.

정말, 계속 그렇게 살고 싶은 거야?

지금 당신의 모습은 지난 시간이 축적되어 나타난 '결과물'이다. 앞으로 3~5년 후의 당신의 모습은, 지금이 결정해 줄 것이다.

핸드폰에서 불필요한 앱을 지우고, 노트와 펜을 꺼내 쓰기 시작하자.

내가 바라는 나의 모습과 원하는 미래를.

뭐, 제가 SNS 할 줄 몰라서 못하기도 합니다만.

선택은 여러분의 자유입니다.

화가 나서 우는 아이 달래는 의외로 간단한 방법들

도서관이나 도로변에서 우는 아이를 달래지 못해 애 먹는 엄마들을 종종 만난다.

그들을 도와준 몇 가지 방법을 공유한다.

어렵지도, 대단하지도 않다.

1.

아이를 안고 노래 불러 주기, 이거 싫어하는 애는 별로 없다. 단지 엄마가 화가 나서 안기도 싫고, 노래 부르기는 더 싫을 뿐.

미안해, 아가. 엄마도 아직 덜 컸단다.

2.

아이에게 한 번도 안 보여 준 작은 장난감(애가 좋아하는 미니어처) 등을 지참했다가 꺼내기, 애 눈이 번쩍. 참고로 돈 많이 들면 반칙. 우리는 서민이다. 돈 아껴서 커피 마셔. 애한테 불 뿜지 말고.

3.

종이 찢기: 아무 종이나, 조금씩 찢어 흠을 만든다. 결대로 쭈욱 찢는 걸 보여 주면 애들이 자기가 찢는다고 난리가 난다.

12개월 이상, 36개월 미만 아이들에게 효과 만점.

손 다치지 않는 가위를 작은 가방에 항상 갖고 다녔다. 종이랑 그거 주면 게임 끝.

그래서 엄마는 늘 색종이나 A4 용지를 들고 다녀야 한다.

펜도 필수(날카롭지 않은 색깔 펜이면 금상첨화)— 그림 그릴 수 있으니까.

쓰레기 정리할 비닐 봉지나 작은 가방 하나 추가요.

나는 대학 이후로 졸업한 책가방을 아이 키우면서 다시 들쳐 업었다.

아이를 아기띠로 안고 그 책가방을 메고 '엄마 학교'에 입성했다. 교장도 나, 졸업생도 나. 성적은 꽤 괜찮은 편이다. 교장 선생님이 일단 후한 점수 주고 시작하거든.

자, 이제 반성의 시간.

자꾸 '달콤이'로 아이를 달래려고 한다? 그럼 좋은 성적 받기가 점점 어려워진다.

4.

요즘 내가 주머니에 자주 들고 다니는 건 볼펜이 아니라 아이라인 그리는 펜(화장품).

지금 우리 아이 학교는 목요일이 부모가 가서 책을 읽어 주는 날인데, 나는 영어가 서툴기 때문에 가끔 애들이 너무 어려운(나에게는) 책을 가져오면 편법을 쓴다.

갑자기 유니콘을 그려달라 그러네? 기억이 안 나. 그게 무엇에 쓰는 짐승인지. 유니콘만은(?) 내가 못 그리겠다니까 소리타가 속상한 표정이 된다.

어쭈, 우리 딸이 펜 달라더니 슥슥 그리더라. 한번 멈추지도 않고 바로 완성.

이러니 내가 반해, 안 반해. 친구들 눈에서 바로 하트가 뿅뿅. 실력(?)과 자신감에서 나오는 '합당하고 즉각적인' 행동은 말 한마디 없이 이렇게 사람을 홀린다.

손등에 애들이 갖고 온 책에 나온 캐릭터나 아이들이 원하는(같은 모양으로 나온다는 보장은 없다) 그림을 그려 준다.

책 읽는 시간에 그림이라니요. 애들은 신기해한다.
보통은 매우 좋아한다. 혹은 옆에서 구경한다.
한번 해 본 놈은 다음 주에 와서 또 앉아 손을 내민다.

애가 어릴 때부터 쓰던 수법이다. 에미 그림 실력이 점점 좋아진다.
세안제로 지우면 되기 때문에 간편하다. 이 얘기를 미리 해 주면 애들이 걱정하지 않는다.

공주님을 좋아하지 않아서 다행이라고 생각했다.
공주를 그리는 것은 대단한 스킬이 요구된다.
어제는 어떤 애가 인어공주 그려 달라고 해서 당황했다만. 어린 애들은 '레이스만 엄청 많이 있으면=공주'인 줄 아니까.

걱정 말고 그려 보자. 어릴 때 몸에 실컷 그린 놈은 커서 과한 타투도 안 한다니까?
믿거나 말거나.

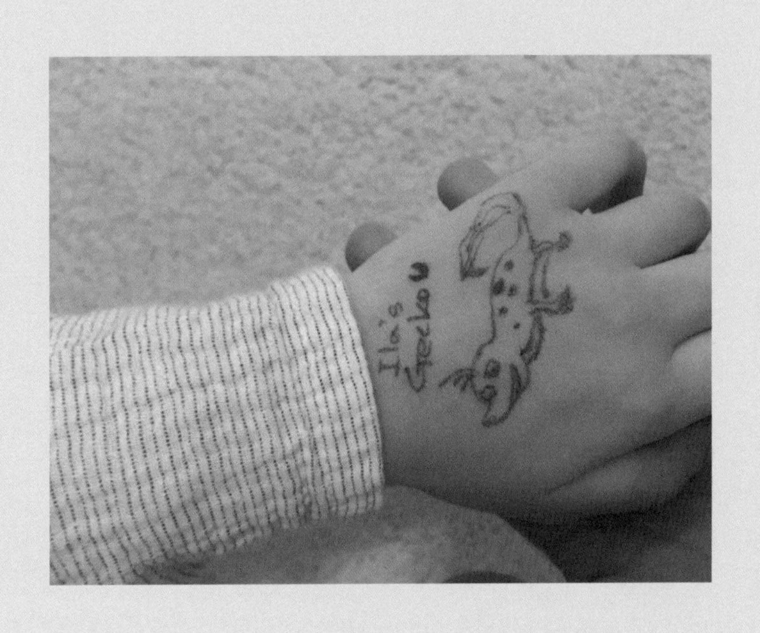
Ila's
Gecko

제주에서
방목 육아, 그 이후

제주에서 시작했던 글이 밴쿠버 와서 끝이 났다.

처음부터 어떤 대단한 계획을 하고 썼던 글이 아니었기 때문에 구멍이 숭숭 나 있다.

읽는 분들의 너그러움을 믿는다.

지금은 캐나다 밴쿠버에서 산다.

아이는 여전하다. 물론 나도 여전하다.

아이가 좀 컸고, 나는 이민 적응(?)을 위한 몸부림으로 심신이 피곤하다. 아, 이민은 정말이지 쉬운 일이 아니다.

그렇지만 행복하다고 감히 말할 수 있는 이유는 뭐냐.

아이가 참 예쁘다. 내 새끼니까 당연히 내 눈에는 예쁘겠지만.

가족을 위해 노력하는 남편이 가상하다.

한국에서와는 또 다른 느낌의 좋은 친구들을 만났다. 다양한 국적의.

이민 생활은 우리 가족 모두에게 또 다른 성장의 기회를 주고 있다. 물론 힘들죠. 그거 말해 뭐하나요, 눈물이 빠.

아이와 남편이 자는 시간, 나는 글을 읽고 쓰며 또 다른 삶을 살고 있다.

애가 요즘 학교 가서 뭘 좀 배우긴 하는 모양이다.

처음에는 '뭐지?' 했는데.

생물도, 수학도, 음악도 "다 그림으로 표현이 되는구나!"

초등학교 1학년이라 이런 고급 단어 사용이 어울리지 않는다만.

어쨌거나…… ㅋㅋㅋㅋ

그림의 내용을 깨닫는 순간— 아 진짜, 에미 빵 터짐.

생물

음악

산수

손가락 10개, 발가락 10개를 다 사용해야만 산수가 되고, 그마저 원활하지 않으신 따님.

보는 데서 내색하지 않았지만 속 좁은 에미는 복장이 터지고 있었는데, 이 그림들을 보는 순간 마음속에 '느낌표'가 딱, 찍어졌다.

아이가 학교에서 시험을 본다면 이름만 겨우 쓰고 나올지도 모르지만, 원리는 정확히 알고 있었다.

이만하면, 됐다.

성적표가 우리한테 무슨 의미가 있겠니. 네가 이렇게 엄마 곁에 있는데. 지혜롭고 밝고 건강하게 자라고 있는데. 어차피 성적표는 영어로(캐나다 성적표는 다 '줄글'로 온다) '쓰여진 채로' 와서 아직 느그 엄마는 2줄밖에 못 읽었단다. 깔깔깔. 엄마가 이 '영어'를 '한국어'처럼 읽는 때가 오면(오긴 오는가) 너는 훨훨 날아 엄마가 생각하지 못한 지점에 도달해 있을까?

우리 딸, 정말 정말 사랑해. 지금처럼 사이 좋게, 재미있게 살자.

엄마에게 너는— 언제나 사랑스럽고 자랑스러운 딸이다.

하늘이 나에게 보내준, 세상에서 가장 고운 빛깔의 기쁨이다.

너의 모든 선택의 순간을 응원한다. 늘 너의 마음 닿는 그 자리에서.

마치는 글

이미 만들어 놓은, 틀이 있는 책이었다. 쓰는 것이 어렵지는 않았다.

정작 작업을 다 해 놓고 나서 아이의 얼굴과 사생활 노출(?)에 대한 염려로 출판 전까지 고민이 많았다. 있던 파일에서 사진을 빼고 보니 '읽고 싶은 모양새'가 나오지 않았다. 그래서 결국 원점으로. 책을 내 달라고 얘기해 준 분들을 위한 맞춤용 책이다. 책 잘 못 읽는 그들을 위해 '가독성'에 중점을 두었다.

시간이 지나 아이와 나의 기억은 각자의 액자 속으로 편집되겠지. 기억이란 그렇다. 너와 나의 기억이 다를 수밖에 없다. 어떤 페이지에 있든 우리는 함께 했으리라. 코 묻은 시간이 아름다웠다고 추억하리라.

각자가 이 책을 참고(?) 삼아, 아이와의 시간을 기록할 수 있다면 더없이 좋겠다는 작은 소망이 있다. 보시면 알겠지만 별 거 없잖아요. 대단한 육아 일기가 아니어도 좋다. 가벼운 메모장에 갈겨 쓴 여러분의 기록이 다른 사람에게는 소중한 자료가 될 수 있다. 아이와 부모에게 추억이 된다. 흠흠, 은근히 자식 자랑도 할 수 있다. 여러모로 서로에게 좋다. 이런 글은 소화도 잘 된다.

본래 글이란, 읽는 사람이 적다. 책이란 '읽는 그들끼리의' 비밀 아닌 비밀을 공유하는 장소이다.

내가 쓴 이 글들이 '어떤 이상한 케이스'가 아니라 보편적인 '삶(상식)의 방식 중 하나'가 되는 날이 오길. 아이들이 '그저 배우는 것만으로 행복할 수 있는' 대한민국을 그린다.

꿈꾼다. 바라본다. 기도한다. 간절하다.

"너 그거 알아? 옛날에 우리 나라에서 말이야, 반에서 몇 등인지 물어보는 때가 있었다?" 하며 웃을 수 있길.

아이는 아이'다울' 때 가장 아름답고 말하면 우스운가요. 에미가 된 나는 '척'이라는 단어를 미워하고, '다움'이라는 단어를 사랑하게 되었다. '아이다운 아이'와 함께 자라는, '에미다운 에미'가 되고 싶습니다만.

읽어 주신 모든 분들, 감사합니다.

자기 자신을 사랑하고, 아이를 사랑해 주세요.

마음을 담아, 여러분 가정의 행복을 빕니다.

제주에서 방목육아

초판 1쇄 발행 2020년 5월 6일

지은이 강모모
펴낸이 이기봉
편집 좋은땅 편집팀
펴낸곳 도서출판 좋은땅
주소 서울 마포구 성지길 25 보광빌딩 2층
전화 02)374-8616~7
팩스 02)374-8614
이메일 gworldbook@naver.com
홈페이지 www.g-world.co.kr

ISBN 979-11-6536-343-7 (03590)

이 도서의 국립중앙도서관 출판예정도서목록(CIP)은 서지정보유통지원시스템 홈페이지(http://seoji.nl.go.kr)와 국가자료공동목록시스템(http://www.nl.go.kr/kolisnet)에서 이용하실 수 있습니다. (CIP제어번호 : CIP2020016629)